AF458559

VOYAGE AU PAYS DES SAVANTS

Grand in-8° carré 6e série.

LONDRES

VOYAGE

AU

PAYS DES SAVANTS

PAR

BELLEFORME-RAMIÈRE

OUVRAGE ORNÉ DE GRAVURES

PARIS

J. LEFORT, IMPRIMEUR, ÉDITEUR

A. TAFFIN-LEFORT, Successeur

LILLE

VOYAGE

AU PAYS DES SAVANTS

LA TÉLÉGRAPHIE MULTIPLE

M. Mercadier, directeur des études à l'École polytechnique, communiquait récemment à l'Académie des sciences le résultat d'expériences d'une telle importance qu'elles constituent une véritable révolution dans les communications télégraphiques.

Le savant ingénieur s'est proposé de mieux utiliser les lignes existant actuellement, et, au lieu de les faire servir à la transmission d'un seul télégramme à la fois, de transmettre sur un seul fil un grand nombre de télégrammes simultanés.

Il a réussi à trouver complètement, de la manière la plus élégante, la solution de ce difficile problème, et pour cela, au lieu de lancer dans le fil des courants électriques continus, il y lance des courants *ondulatoires*.

Les mouvements qui se transmettent par ondulations ont cette propriété de pouvoir coexister l'un avec l'autre dans le même milieu sans se détruire.

Ainsi, les sons qui sont des mouvements ondulatoires se transmettent indépendamment des sons voisins émis simultanément. Quand plusieurs personnes causent dans un salon, chacun entend ce que lui dit son interlocuteur, et les vibrations qui représentent cette conversation n'empêchent pas, dans la même chambre, deux autres personnes de converser entre elles, ou les sons d'un piano de se propager dans le même salon, indépendamment des autres mouvements sonores.

C'est ce principe de la superposition des mouvements vibratoires que M. Mercadier a mis en œuvre dans sa télégraphie multiple. Au départ, plusieurs appareils, qui sont des diapasons accordés musicalement chacun sur une note déterminée de la gamme, lancent à chacune de leurs vibrations un courant très court dans le fil. Le diapason n° 1, par exemple, est accordé sur la note *la* et fait 435 vibrations par seconde ; le diapason n° 2 est accordé sur *si naturel* et en fait 489 pendant le même temps, c'est-à-dire que le premier envoie en une seconde, dans la ligne télégraphique, 435 signaux très courts et régulièrement espacés ; le second en envoie 489, et ainsi de suite. Chaque diapason met donc, quand il est en communication avec la ligne, celle-ci en participation électrique avec ses vibrations, et tous ces mouvements envoyés par les diapasons individuels circulent dans la ligne sans se confondre, absolument comme les conversations se croisent dans une chambre sans se détruire, ainsi que je le rappelais tout à l'heure.

Et ces mouvements vibratoires séparés se détruisent si peu, que la ligne peut, en outre, servir

La souris simule parfaitement la mort. (p. 14.)

aux communications télégraphiques ordinaires, avec un télégraphe Baudot à quatre claviers, du type de l'administration des télégraphes.

A l'arrivée, que se passe-t-il? Des relais microtéléphoniques, en nombre égal à celui des diapasons placés au départ, sont réglés de façon que le n° 1 ne marche que quand il reçoit 435 signaux à la seconde, c'est-à-dire ne se met en action que sous l'influence *exclusive* des signaux transmis par le diapason n° 1 (*la*); le relais n° 2 ne fonctionne que sous l'influence des signaux issus du diapason n° 2 (*si naturel*) et ainsi de suite. Les signaux que le fil unique transmet globalement subissent donc à l'arrivée un véritable *triage* électrique, basé sur le synchronisme des vibrations. C'est, on le voit, d'une bien élégante simplicité.

16 dépêches à la fois.

L'expérience a réalisé pleinement les vues théoriques de M. Mercadier : elle a été faite entre Paris et Bordeaux.

On a pu, à l'aide du diapason de M. Mercadier, faire transmettre, *par un seul fil*, des signaux envoyés *par douze opérateurs à la fois*, et pendant plusieurs heures consécutives; bien plus : pendant le même temps, *et sans même que les opérateurs s'en aperçussent,* on a transmis par le même fil des télégrammes privés et des avis de service à l'aide des courants continus ordinaires.

L'importance de ces expériences est aussi grande au point de vue scientifique qu'au point de vue de l'exploitation; scientifiquement, elles constituent une nouvelle et bien frappante vérification du principe mécanique de la superposition des petits mouvements, puisqu'elles prouvent qu'en un point d'un même fil on peut faire se croiser jusqu'à *vingt-cinq* mouvements électriques simultanés (douze dans chaque sens, et le courant ordinaire) sans la moindre confusion ; pratiquement, elles permettent d'obtenir des lignes télégraphiques une utilisation inconnue jusqu'ici, puisque sur un circuit de 800 kilomètres, elles ont montré qu'on pouvait échanger *1,300 télégrammes de 20 mots à l'heure* à l'aide de 12 opérateurs utilisant le même fil.

LES ANIMAUX QUI SIMULENT LA MORT

La simulation de la mort s'observe dans presque tous les groupes d'animaux; nous n'envisagerons ici que le cas des mammifères.

Les renards, bien connus d'ailleurs pour la finesse de leur intelligence, sont des sujets d'observation très favorables; les faits de simulation de la mort ont été si souvent rapportés, qu'il ne peut y avoir de doute sur leur authenticité. En voici deux pris au hasard.

M. Coral C. White, d'Aurara (New-York), a raconté qu'un renard était entré dans un poulailler par une ouverture très étroite. Quand il se fut gorgé de nourriture, son embonpoint énorme ne lui permit plus de repasser par le même orifice; force lui fut donc de rester sur le lieu du carnage. Quand, le lendemain matin, le propriétaire entra dans le poulailler, il trouva maître renard étendu à terre, couché sur le flanc. Le croyant mort d'indigestion, il le prit par les pattes, et le portant au dehors, le jeta sur un tas de fumier. Mais à peine l'animal se sentit-il libre, qu'il « prit ses jambes à son cou » et ne reparut plus.

Tout récemment, M. G. de Cherville, avec le style élégant qui le caractérise, a narré les péripéties de l'élevage d'un renardeau qu'il avait capturé dans les bois. Malgré tous les soins affectueux qu'on lui prodiguait, le jeune renard, auquel on avait donné le nom de Nicolas, ne s'apprivoisa jamais et ne cessa de distribuer des coups de dents à ceux qui l'approchaient de trop près.

« Un matin, au saut du lit, raconte M. de Cherville, descendant pour rendre mes devoirs à Nicolas, comme j'en avais l'habitude, je le trouvai étendu de tout son long devant son tonneau, les yeux clos et sans mouvement. Je l'appelai sans qu'il bougeât. A plusieurs reprises je passai ma main sur sa tête, et, pour la première fois peut-être, il n'essaya point de me mordre. Aux mouvements de son flanc, il était évident qu'il n'était pas mort ; mais à la dérogation que je viens de signaler à ses habitudes, j'en conclus qu'il pouvait être fort malade, et je m'alarmai.

» J'avais plusieurs fois recommandé que l'on desserrât son collier, véritablement trop étroit; je pensai qu'il pouvait bien y avoir un commencement de strangulation dans son triste état, et je me décidai à le détacher. Je n'eus pas plus tôt décroché l'ardillon et laissé tomber le collier et la chaîne, que le scélérat, subitement ressuscité, était sur ses pattes; avant que j'eusse eu le temps de faire un mouvement il avait passé entre mes jambes, s'était jeté dans le massif; je l'aperçus ensuite qui gagnait le bois en traversant le potager à une allure indiquant qu'il se portait fort bien. On eût dit que la satisfaction de m'avoir vu la dupe de la ruse de sa comédie lui prêtait des ailes. »

Les faits qui concernent le loup sont un peu moins nombreux, mais cependant aussi nets. Le capitaine Lyon avait fait rapporter sur le pont de son navire un loup que M. Griffiths avait cru tuer. En l'examinant avec soin cependant, on remarqua que ses yeux clignotaient, et l'on crut prudent de lui attacher les pattes avec une corde et de le suspendre la tête en bas. Et en effet, à peine dans cette position, il fit un bond prodigieux et montra d'une façon très manifeste qu'il était loin d'être mort.

Il paraît aussi, d'après Romanes, que, lorsqu'un loup tombe dans une fosse, il simule la mort à tel point qu'un homme peut descendre dans le trou, l'attacher et l'emmener, ou bien lui frapper sur la tête sans que l'animal donne signe de vie.

Si des carnassiers nous passons aux rongeurs, nous aurons à signaler des faits du même ordre. J'ai eu souvent occasion d'observer, comme tout le monde d'ailleurs, que les souris capturées par des chats simulent la mort quand ceux-ci les lâchent. A peine le matou s'est-il éloigné, que les souris s'enfuient au plus vite. Les chats eux-mêmes connaissent cette particularité, et, pour s'amuser, font mine de croire à la mort des souris, mais sans en avoir l'air veillent avec soin sur leurs victimes et s'élancent sur elles dès qu'elles cherchent à déguerpir. Le chat et la souris jouent au plus fin, mais c'est invariablement le premier qui remporte la palme.

Il n'est pas rare non plus, quand on ouvre brusquement la porte d'une pièce obscure où se trouvaient des souris, de voir celles-ci demeurer en place, sans bouger, comme mortes, et même de se laisser prendre sans manifester aucune émotion.

Il n'y a pas jusqu'à l'éléphant qui ne puisse, dans certaines circonstances, faire le mort. M. E. Tennent rapporte, d'après M. Cripps, qu'un éléphant récemment capturé fut conduit au *corral* entre deux éléphants apprivoisés. Il était déjà entré assez loin dans l'enclos, quand il s'arrêta brusquement et tomba à terre, inerte. M. Cripps fit enlever les liens et essaya vainement de faire entraîner le corps au dehors. Il commanda alors d'abandonner le cadavre; mais à peine les hommes furent-ils à quelques mètres, que l'éléphant se releva vivement et courut vers la jungle en criant à tue-tête.

La simulation de la mort, dans tous les exemples que nous venons de citer, était faite dans un but de défense la plupart du temps manifeste. Pour terminer, il nous faut citer un cas de simulation offensive. Il s'agit d'un singe captif attaché à une tige de bambou fichée en terre et à laquelle il était réuni par un anneau assez large et glissant facilement. Quand le singe était au sommet de la perche où il se plaisait, les corbeaux du voisinage venaient dévorer sa nourriture, renfermée dans une écuelle.

« Un matin que ses ennemis avaient été particulièrement désagréables, il simula une indisposition : il fermait ses yeux, laissait tomber sa tête et semblait souffrir vivement. A peine sa ration habituelle était-elle placée au pied de la perche, que les corbeaux s'y abattirent en foule et la pillèrent à qui mieux mieux. Le singe descendit alors du bambou le plus lentement possible, et comme si c'était pour lui un travail pénible. Arrivé à terre, il se roula, comme affolé par la douleur, jusqu'à ce qu'il fût proche de l'écuelle.

» Dès lors il resta immobile, comme mort; bientôt un corbeau s'approcha pour manger les derniers morceaux qui restaient ; mais à peine eut-il allongé le cou, que le singe, ressuscitant, le saisit et l'immobilisa. La capture une fois faite, il se mit en devoir de le plumer tout vivant. Quand il ne resta plus que les plumes des ailes et de la queue, il le jeta en l'air. Les corbeaux vinrent tuer leur compagnon à coups de bec et ne reparurent plus. »

Un fait presque identique a été raconté par le docteur W. Bryden.

Deux théories sont en présence pour expliquer la simulation de la mort : les uns disent que c'est un phénomène *voulu* par l'animal dans un but déterminé, c'est-à-dire qu'il lui a été donné par Dieu pour lui permettre de se défendre ; les autres veulent que ce soit la peur, la stupéfaction, une sorte d'action hypnotique, la *cataplexie*, comme l'on dit, qui soit la cause de cette immobilité que prennent certains animaux se sentant en danger. Il nous semble que les deux hypothèses sont également vraies, à la condition de ne considérer que des choses comparables : c'est à la cataplexie qu'est due l'immobilité des souris surprises par l'ouverture d'une porte, ou des loups tombés dans une fosse. C'est, à n'en pas douter, la volonté qui intervient dans le cas du singe de Thompson et du renardeau de M. de Cherville.

Quant aux autres exemples, il semble difficile de se faire une opinion sur la cause des phénomènes ; ce n'est que lorsqu'ils seront très nombreux qu'on pourra les discuter avec fruit. Il est bon toutefois de recommander à ceux qui voudront édifier ces questions d'être de « bonne foi. » On ne saurait le répéter.

LES ACCIDENTS DE L'ÉTÉ

Parmi les dangers de la belle saison et des époques de villégiature, il faut tenir compte, dans une bonne mesure, si l'on en croit les faits divers des journaux, des chances d'asphyxie : par l'eau,

dans les bains de mer ou de rivière ; par l'électricité, foudre ou importunes relations avec l'électricité industrielle employée dans les moyens de transport.

Les victimes de ces accidents peuvent être bien souvent sauvées si l'on agit rapidement, énergiquement et avec persévérance.

Les moyens à employer sont :

I. — Les tractions rythmées de la langue.

II. — La respiration artificielle.

Or, quoique chacun puisse avoir l'occasion d'agir, soit pour un voisin, soit pour un des siens, on ignore généralement ce qu'il faudrait faire, et cette ignorance peut préparer de cruels regrets. Nous croyons donc, qu'il est bon de reproduire ici les instructions données à ce sujet par le Conseil d'hygiène publique du département de la Seine.

Il convient de procéder toujours aux tractions rythmées de la langue en appliquant en même temps, s'il est possible, la méthode de la respiration artificielle.

I. — *Tractions rythmées de la langue.*

Les manœuvres devront être commencées aussitôt que possible :

1° Coucher l'individu sur le dos, la tête légèrement tournée de côté ;

2° Ouvrir les mâchoires en les écartant de force si elles sont serrées;

3° Saisir la langue avec la main droite, entre le pouce et l'index, avec un mouchoir ou un linge quelconque ;

4° Tirer fortement la langue hors de la bouche; répéter environ vingt fois par minute ; ne pas craindre de tirer très fort; il faut qu'à chaque traction, les mâchoires étant largement ouvertes, la langue sorte complètement de la bouche;

5° Les manœuvres de traction de la langue doivent

être continués avec persistance pendant une heure au moins.

Nota. — Si l'opérateur est embarrassé pour le nombre des tractions à opérer, il pourra se régler sur sa propre respiration, et exercer sur la langue du foudroyé une traction à chaque respiration. L'apparition du hoquet ou du vomissement est un signe favorable; s'il se produit, il faudra continuer longtemps encore les tractions de la langue.

II. — *Respiration artificielle.*

Coucher le malade sur le dos, les épaules légèrement soulevées, la bouche ouverte, la langue bien tirée.

Puis employer les méthodes suivantes :

1re méthode. — Saisir les bras du malade à la hauteur des coudes, les appuyer assez fortement sur les parois de sa poitrine, puis les écarter et les porter au-dessus de sa tête, en décrivant un arc de cercle; les ramener ensuite à leur position primitive en pressant sur les parois de la poitrine.

Répéter ces mouvements environ vingt fois par minute, en continuant jusqu'au rétablissement de la respiration naturelle.

2e méthode. — Appliquer énergiquement ses mains à plat sur la partie inférieure et latérale du thorax, en exerçant une assez forte pression et lâcher aussitôt après.

Répéter ces mouvements environ vingt fois par minute, en continuant jusqu'au rétablissement de la respiration naturelle.

Nous ajouterons à ces instructions que le secret de la réussite est dans la persévérance; le Conseil d'hygiène parle du traitement d'une heure au moins; il n'est pas inutile de faire connaître que l'on a vu la vie reparaître après un traitement prolongé pendant plus de trois heures.

RECHERCHES SUR LES VARIATIONS DE L'AIGUILLE AIMANTÉE AUX TEMPS LES PLUS RECULÉS

L'argile, en cuisant dans un four à briques, prend une aimantation dirigée dans le sens du champ magnétique terrestre à l'instant de la cuisson, et cette aimantation, d'intensité variable avec la nature et la composition de l'argile, reste très stable. M. Folgheraiter a fondé sur ces remarques une méthode d'étude de l'inclinaison magnétique terrestre dans l'antiquité : ses études ont porté sur des vases en terre cuite de l'époque étrusque et de l'époque romaine.

Malgré l'habileté de l'observateur, ces études n'ont donné que des résultats encore discutés. S'il est facile de déterminer la direction de l'aimantation dans un de ces objets, il est toujours assez difficile d'établir, quelle que soit l'ingéniosité des déductions, la position qu'ils occupaient dans le four.

MM. Brunhes et David semblent avoir surmonté cette difficulté. Ils ont eu l'heureuse pensée d'étudier au point de vue de l'aimantation, aux environs de Clermont, des couches d'argile de la fin du pliocène supérieur et du commencement du quaternaire, disposées horizontalement et sur lesquelles est venu couler un fleuve de lave parfaitement régulier : l'argile a gardé, à partir de deux ou trois mètres de profondeur au-dessous de la lave, sa couleur et son état d'argile non cuite; mais la couche supérieure, immédiatement en contact avec la lave, a été cuite sur place et s'est trouvée dans les mêmes conditions que les poteries cuites au four dans le champ magnétique terrestre, avec cette circonstance plus favorable qu'on est certain, au moins dans quelques cas bien déterminés, que l'argile cuite sur place n'a pas été déplacée depuis l'époque de l'éruption volcanique.

L'étude des blocs de cette argile cuite leur a montré, en général, une aimantation de direction bien définie et différente de la direction actuelle du champ terrestre.

Les résultats sur un même point sont très concordants; mais ils diffèrent considérablement d'une carrière à une autre, ce qui tendrait à prouver que les coulées de lave se sont succédé à des intervalles séparés par de nombreux siècles.

Près de Beaumont, l'argile accusait une déclinaison E. de 7°; à Royat, on a trouvé une déclinaison occidentale de 75° environ.

Quand les lois de la variation et de la déclinaison seront mieux établies, on trouvera, dans les déterminations de ce genre de plus en plus multipliées, un nouveau chronomètre géologique, qui, espérons-le, donnera des indications moins sujettes à caution que ceux préconisés jusqu'à présent.

FORMATION DE NAPPES DE GLACE EN ÉTÉ DANS LES CAVITÉS SOUTERRAINES

On sait qu'il existe un certain nombre de glacières naturelles, où la glace se forme pendant l'été, et avec une abondance quelquefois extraordinaire.

Les explications de ce phénomène sont nombreuses, et aucune ne donne complète satisfaction.

M. Glangeand l'a étudié dans la région volcanique de l'Auvergne, et apporte à son tour une explication qui paraît très plausible; il est vrai qu'elle ne vise que les cavités existant sous un sol très spécial; mais des études suivies en permettraient peut-être l'application en bien d'autres lieux.

Voici les observations de M. Glangeand :

Les coulées des matières fondues, issues de la chaîne des Puys, se sont épanchées dans des dépressions, fréquemment dans des vallées parcourues par des rivières qu'elles ont comblées en partie ou totalement. Après ce remplissage, l'eau continua à suivre le trajet primitif, mais il fut souterrain au lieu d'être aérien. A l'extrémité des coulées, on voit, en effet, reparaître les ruisseaux qui donnent naissance à des sources très limpides et remarquablement fraîches en été.

Les substances fondues émises par les volcans sont fréquemment remplies de vacuoles et poreuses, notamment les andésites et les labradorites.

Les coulées, souvent entremêlées de scories, qui reposent sur le sol où l'eau ruisselle, ou bien baignent par leur partie inférieure dans l'eau de la rivière sous-lavique, doivent facilement s'imbiber de liquide, en raison de leur porosité et des nombreuses fissures qui les traversent. Si, sous l'influence de la chaleur solaire, leur température extérieure s'élève, il se produira, au point où la coulée est moins épaisse, une véritable circulation d'eau de la profondeur à la surface de la lave, où elle s'évaporera. L'évaporation produira un refroidissement qui pourra être assez considérable, pour amener l'eau à sa congélation.

Si les choses se passent bien ainsi, il n'y aura production de glace que lorsque l'évaporation sera très active, c'est-à-dire lorsque la température extérieure sera très élevée.

Par suite, c'est durant les journées les plus chaudes que la glace se formera en abondance, et il ne devra pas s'en former en hiver par ce procédé.

Cette conclusion vient à l'appui de cette opinion — niée par de nombreux savants, convenons-en — que, dans les glacières naturelles, la glace se forme l'été et fond l'hiver. Est-ce qu'une fois de plus le bon sens populaire aurait eu raison contre les théories académiques?

COMMENT LES GENS EXACTS ÉVALUENT LE MILLIÈME DE SECONDE

La mesure du temps préoccupe à des degrés très divers les habitants de notre globe. Les uns demandent une exactitude rigoureuse, les autres se contentent de l'à peu près le plus vague : cela tient tout d'abord aux occupations habituelles, mais bien souvent aussi au tempérament des individus.

Qui n'a rencontré le personnage qui arrive à une heure quelconque pour prendre le train, et qui se console de le manquer en pensant qu'il est en avance pour le suivant? Après cet exagéré combien d'autres pour lesquels le quart d'heure ou la demi-heure sont quantités négligeables? Ceux qui aiment l'œuf à la coque bien cuit se désolent en constatant que les cuisinières ont rarement le sentiment de la minute. Les médecins et leurs fébricitants, les amateurs de courses, trouvent que la seconde n'est pas négligeable; les astronomes veulent être fixés sur ses fractions. Mais ce sont les artilleurs qui tiennent aujourd'hui le record de l'exactitude en ces matières ; pour étudier la marche des projectiles et en déduire les lois de la balistique, ils réclament l'évaluation du millième de seconde !

En effet, pour mesurer la vitesse initiale d'un projectile, on lui fait traverser deux écrans distants l'un de l'autre d'une vingtaine de mètres; chacun des passages interrompt un courant électrique, et c'est le temps entre ces deux interruptions qui sert de base au calcul. Or, si le projectile a une vitesse initiale de 800 mètres par seconde, il ne met pour aller d'un écran à l'autre que $0^s,025$, et la distance des écrans divisée par ce facteur donne cette vitesse; il est facile de comprendre l'importance de la détermination exacte si l'on veut quelque précision dans le résultat.

Mais comment mesure-t-on le millième de seconde, et comment surtout, nos sens imparfaits peuvent-ils saisir les indications de l'instrument assez perfectionné pour l'indiquer?

C'est en somme très simple, du moins en principe.

Par le fait, les appareils dénommés « chronographes » et que l'on trouve chez de nombreux horlogers ne sont dans ce cas d'aucune utilité. Leurs cadrans permettent à peine de noter le cinquième de seconde. Et généralement les résultats qu'ils indiquent sont faussés dans des proportions considérables par les retards de mise en route et d'arrêt.

On est obligé de recourir à des instruments dont le débrayage et l'embrayage soient absolument automatiques, et dont les divisions permettent de lire jusques et au delà de ce millième de seconde.

Ces instruments donnent leurs indications sur des cylindres ou des cadrans.

Parmi les instruments à cylindre enregistreur, nous citerons le « chronographe à grande vitesse. » Le système en est fort simple. Un mouvement d'horlogerie fait tourner un cylindre de 32 millimètres de diamètre à la vitesse de cinq tours par seconde. Cette vitesse correspond à un déplacement de un demi-millimètre par millième de seconde pour un point de la périphérie. La surface du cylindre est enduite de noir de fumée. Au moment où commence le phénomène dont il s'agit de déterminer la longueur, ou l'expérience dont on veut se rendre compte, un électro-aimant approche du cylindre la pointe d'un traceur qui inscrit un trait blanc sur la surface noire. La lecture est facile, et l'appareil fonctionne comme les nombreux enregistreurs employés par les physiciens.

On conçoit qu'avec un appareil de ce genre il soit possible de lire même des fractions inférieures à un millième de seconde.

Comme type des instruments à cadran, nous citerons le « chronographe Schmidt. » Dans cet appareil, l'inventeur emploie essentiellement un balancier circulaire dans le genre de ceux des montres, et sur l'axe de ce balancier il monte une aiguille légère qui se déplace sur un cadran empiriquement gradué. Il suffit de mettre en marche et d'arrêter automatiquement le balancier au commencement et à la fin de l'expérience pour lire la division en temps.

Supposons un balancier donnant, comme celui d'une montre ordinaire, 18,000 vibrations à l'heure; chacune de ses vibrations correspond à un cinquième de seconde. Supposons, d'autre part, que ce balancier et son ressort spiral soient disposés de manière que chaque vibration fasse faire exactement un tour complet sur un point quelconque de la périphérie du balancier, on voit qu'une aiguille montée sur l'axe fera un tour également complet en un cinquième de seconde. Que cette aiguille se meuve sur un cadran, il suffira de 200 divisions sur ce cadran pour que chacune d'elles corresponde à un millième de seconde. Avec un cadran de 5 centimètres de diamètre seulement, la circonférence portant les graduations aurait près de 160 millimètres, ce qui donnerait déjà presque un millimètre de longueur pour la valeur moyenne des divisions dont chacune correspond à un millième de seconde.

Le fonctionnement de l'appareil est peu compliqué. L'armature d'un électro-aimant cale le balancier, tant que celui-ci est soumis à l'influence du courant électrique. L'interruption du courant le libère instantanément et sa reprise le cale de nouveau. L'aiguille étant mise au zéro avant chaque observation, la durée du phénomène se lit directement sur le cadran, en millièmes et en fraction de millièmes de seconde.

Comme on le voit, le millième de seconde peut être considéré comme une mesure de temps absolument précise, plus même peut-être que la simple seconde de beaucoup de nos montres.

Il n'est même pas la limite la plus reculée que l'on puisse pratiquement atteindre, puisque on pourrait augmenter la dimension des appareils, cylindre ou cadran, et que, d'ailleurs, une simple loupe permet de subdiviser la graduation de ceux en usage. Mais les moyens actuels suffisent pour le quart d'heure à la plupart de nos usages; nous connaissons même des personnes qui ne se préoccuperont jamais de constater le millième de seconde et qui n'en n'ont pas moins une vie utile et honorable.

LA LUMIÈRE QUI PARLE

Une curieuse découverte, ce sont les flammes chantantes que M. Janet, directeur de l'École d'électricité, fit « entendre » récemment aux membres de la Société des Electriciens français :

De tous les points d'une vaste salle, inondée de la lumière éclatante d'un projecteur électrique, un public silencieux écoutait des chants distinctement modulés comme par quelque invisible phonographe.

L'oreille était impuissante à discerner le centre d'émission de ces chants. C'était bien cependant le projecteur qui constituait le médium entre l'auditoire et le chanteur, car il suffisait de s'approcher de l'arc électrique et de lui indiquer un air quelconque pour en obtenir la docile exécution.

Voilà, cette fois, une flamme qui chante pour de bon, qui parle, et qui répond.

L'appareil eût été d'un grand secours aux prêtres du feu, pour satisfaire leurs fidèles en quête d'oracles.

La clé du mystère est simple :

Ce projecteur électrique fonctionnait, comme récepteur téléphonique.

La lame vibrante du récepteur ordinaire, que l'on approche de l'oreille pour entendre une communication, était ici remplacée par l'arc incandescent jaillissant d'un charbon à l'autre.

L'arc, alimenté par le courant continu, provenant d'une source appropriée d'énergie (c'était, dans l'espèce, la batterie d'accumulateurs d'un automobile), était, en outre, inséré dans un circuit téléphonique comprenant un transmetteur à microphone devant lequel, dans une autre pièce, se tenait le chanteur.

SOURCES DE PÉTROLE AU TEXAS

On vient de découvrir près de Beaumont, au sud du Texas, plusieurs sources de pétrole. Actuellement, on compte cinq puits, situés dans un rayon de moins d'un kilomètre.

L'exploitation n'a eu lieu jusqu'ici qu'à titre d'essai, et on a cru préférable de laisser le pétrole dans ses réservoirs souterrains, tant que de sérieux débouchés pour ces énormes quantités ne seront pas assurés. La première source a rempli un réservoir d'une contenance de 35.000 fûts en douze heures environ. Des puits forés en avril dernier, une quantité de liquide d'une valeur de 1.000 fûts s'est échappée avec une telle force qu'un grand trou a été creusé dans la terre. Ceux-ci donnent une production de

50.000 à 75.000 fûts par jour. En outre, quinze nouveaux puits ont été forés depuis dans le voisinage de Beaumont. Le forage dure à peu près six à huit semaines et coûte 6.000 dollars environ. La profondeur des premiers puits est de 1.340 pieds, et celle des autres, de 1.000 à 1.050 pieds.

En partie par raison d'économie et en partie au point de vue de le sécurité, il est interdit par les lois de laisser couler librement le liquide, et la source une fois ouverte doit être aussitôt endiguée. Il est à remarquer aussi que le gisement contient des dépôts de soufre au milieu des couches de pétrole.

L'étendue des gisements de pétrole n'est pas encore fixée d'une manière absolue; il est cependant certain qu'ils se trouvent sur tout le comté de Jefferson et dans les comtés de l'Orange, de Liberty et de Hardin. Près du défilé de Sabine, dans le comté de Jefferson, l'huile coule dans la mer même et y exerce, sur une étendue de 2.000 mètres carrés, le long de la côte, une influence qui atténue les tempêtes.

La population du Texas, en particulier celle de Galveston et de Beaumont, est saisie par une fièvre intense de spéculation. Dans le voisinage des districts, où se trouve le pétrole, on achète et on vend à des prix fantaisistes; aussi une foule de sociétés par actions se sont-elles fondées pour l'extraction du pétrole, avec un capital qui dépasse 100.000 dollars.

Dans le sud-ouest du Texas, notamment à Houston et à Galveston, les fabriques commencent déjà à utiliser l'huile de pétrole comme combustible. Elles se déclarent très satisfaites des résultats obtenus. On fait 50 % d'économie sur les frais par rapport au charbon, qu'il faut faire venir de plus loin. Il y a lieu de tenir compte également d'une diminution de dépense sur le salaire des ouvriers. De plus, le chauffage au pétrole se règle avec une plus grande exactitude que le chauffage au charbon. Quoique l'on ait cru au commencement le pétrole du Texas trop difficile à raffiner, on arrive à en tirer aujourd'hui un bon produit raffiné.

Comme les propriétaires des puits exploités jusqu'ici ne disposaient ni de gros capitaux ni de la grande expérience que nécessitent la production et le transport du pétrole, ils ont réclamé l'appui de la *Standard Oil C°*. Celle-ci fait venir à New-York, depuis quelques semaines déjà, par un de ses bateaux-citernes, 3.000 fûts de pétrole de Beaumont pour être analysés.

LE CINQUANTENAIRE DE LA TÉLÉGRAPHIE ÉLECTRIQUE

L'année 1851 a été remarquable non seulement par le coup d'État du 2 décembre, mais par un nombre d'événements scientifiques importants parmi lesquels figurent l'ouverture de la télégraphie élec-

ARAGO (p. 36.)

trique publique, en France, l'Exposition internationale de Londres, et la pose du premier câble sous-marin.

Le premier de ces événements remarquables a eu lieu le 1er mars, de la façon la plus humble. Le bureau unique avait été installé au fond de la cour d'une maison qui existe encore en face de la Bourse et qui porte le n° 83 de la rue Richelieu. Le chef de ce bureau était un ancien élève de l'École polytechnique, attaché à la direction des télégraphes aériens, qui avait fourni le noyau du nouveau personnel. Afin de faciliter autant que possible aux employés du service aérien le changement d'occupation, l'administration française avait poussé la prévenance jusqu'à établir un télégraphe à deux fils, de manière à imiter les signaux Chappe auxquels les stationnaires de l'administration étaient accoutumés.

Combien le directeur des anciennes lignes Chappe était éloigné de comprendre l'importance du progrès qui s'accomplissait sous son administration ! En effet, interrogé par la Commission de la Chambre, ce clairvoyant fonctionnaire avait déclaré qu'il lui suffirait d'adjoindre une trentaine d'employés à ceux qui étaient sous ses ordres. Moins de vingt ans après, à la veille de la déclaration de guerre de 1870, l'administration des lignes télégraphiques françaises comprenait, outre le directeur général, 5,000 employés de tous grades. Aujourd'hui, il ne serait plus possible de procéder au même recensement, parce que les deux services des postes et télégraphes, alors distincts, constituent désormais un service unique.

En 1843, époque où la télégraphie électrique était exploitée en Angleterre et en Amérique, et par le gouvernement en Allemagne, l'administration française osait encore rêver de se passer de la télégraphie électrique, et s'efforçait de répondre aux besoins nouveaux par le perfectionnement du réseau aérien.

M. le comte Duchatel, ministre de l'Intérieur, proposa à la Chambre des députés un projet de loi dans le but de rattacher directement à Paris tous les chefs-lieux des départements français, par des postes de télégraphie optique.

Le rapporteur de la loi à l'aide de laquelle le ministère avait conçu l'idée folle d'arrêter l'invasion de l'électricité était, ironie du sort, M. Pouillet, membre de l'Académie des sciences, directeur du Conservatoire des Arts et Métiers et, par-dessus le marché, célèbre physicien qui avait fait une étude approfondie de la transmission des courants électriques.

Malheureusement, Pouillet avait écrit quelque part que l'on ne pourrait jamais employer les courants électriques à la transmission des télégrammes parce que lesdits courants s'échapperaient en route. Le savant académicien n'avait pas deviné le caoutchouc et la gutta-percha. De même que les chemins de fer, les télégraphes électriques ont donc eu l'honneur d'être officiellement condamnés par une des lumières de l'Académie des sciences.

Dans un de ces mouvements d'éloquence dont il avait le secret, Arago déclara que le zèle des défenseurs de la télégraphie optique était inutile, que ce système, frappé au cœur, ne pouvait échapper à la concurrence de la télégraphie électrique, que c'était un système démodé auquel on ne communiquerait rien qu'une vie factice.

L'académicien Pouillet ne se laissa pas démonter par une philippique si justifiée. Il déclara audacieusement que l'électricité est un agent incertain, dont les caprices sont incessants. Suivant lui, il n'y avait qu'un théoricien étranger aux conditions de la pratique pour proposer à une grande assemblée de confier les destinées de l'Etat à une organisation aussi précaire.

Il terminait sa réponse en montrant l'anarchiste isolant la capitale du reste du monde en coupant tous les fils conducteurs qui y aboutissent.

Arago crut triompher en tirant de sa poche un journal de Baltimore publiant un télégramme de trois colonnes reçu de Washington ; mais un orateur célèbre fit remarquer que ce document n'était qu'un message présidentiel, et que l'on sait que ces documents, comme les discours du Trône, sont toujours imprimés d'avance. L'assemblée se mit à rire, et la Chambre vota sur cette réplique. *Le télégraphe électrique réunit à peine une trentaine de voix !*

Cependant un an à peine s'était écoulé, qu'une ordonnance royale décrétait l'établissement, à titre *d'expériences*, d'une ligne provisoire entre Paris et Rouen. Il y avait plus de dix ans que l'expérience avait été faite à l'Université de Gottingue par Gauss et Weber, et elle se faisait cent fois tous les jours! Les services furent si grands que la cause de la télégraphie fut gagnée.

En 1845, la Chambre vota l'établissement d'une ligne définitive de Paris à Lille avec embranchement sur Valenciennes.

D'autre part, pendant cette période de luttes, les chemins de fer se multipliaient d'une façon si remarquable que l'intervention de la télégraphie électrique devenait indispensable pour la sécurité de l'exploitation.

Pourtant, l'administration, obstinée à se traîner dans son ornière, obtint l'organisation complète de la télégraphie aérienne en Algérie; on invoquait les craintes que doit inspirer l'Arabe et son coursier. Cependant, moins de quinze ans après ce ridicule effort, il fallut détruire tout ce que l'on avait édifié à grands frais.

Après la révolution de 1848, lors de la discussion de la loi de 1850 qui mettait la télégraphie à la disposition du public, la lutte recommença avec une nouvelle ardeur. La télégraphie électrique trouva devant elle tous les inventeurs de signaux optiques, de jour et de nuit, et on lui opposa les arguments les plus inattendus. Quelques-uns l'accusaient même de compromettre la sécurité des habitants. A les entendre les conducteurs électriques attiraient la foudre sur les maisons dans le voisinage desquelles ils passaient. Les mandarins chinois n'ont pas été plus ingénieux dans les arguments qu'ils ont développés contre l'art nouveau des barbares de l'Occident.

Les conservateurs redoutaient que les membres des Sociétés secrètes ne se servissent du télégraphe pour réunir leurs adeptes. Les montagnards avaient découvert que de mettre le télégraphe à la disposition des citoyens était donner un privilège aux classes dirigeantes.

Ces sectaires ignorants oubliaient que l'on peut dire la même chose de tout service que l'on rend pour de l'argent.

On ne vit aucun des grands citoyens qui prétendaient défendre les intérêts des pauvres appuyer le rapporteur lorsqu'il demandait un tarif moins élevé que celui qui était proposé. Ce rapporteur n'était autre que Le Verrier.

L'ancien réseau optique n'était pas absolument interdit au public, mais, pour en faire usage, il fallait un nombre tel de démarches et d'autorisations que le droit aux correspondances rapides était tout à fait illusoire pour les particuliers. Dans l'origine de la télégraphie privée, on exigeait des correspondants des preuves d'identité très rigoureuses, qui furent successivement adoucies, mais qui nuisirent beaucoup au développement des correspondances.

C'était ce que l'administration demandait, et elle

réussit d'autant plus facilement à restreindre l'essor du nouveau service, que le prix des messages était excessivement élevé et que le tarif était proportionnel à la distance.

Chaque dépêche de 20 mots était frappée d'un droit fixe de 3 francs et d'un droit proportionnel de 12 centimes par myriamètre. Au-dessus de 20 mots, le droit était augmenté d'un quart par chaque dizaine de mots.

Au 1er mars 1851, on ouvrit les lignes de Nantes, Chalon-sur-Saône, Boulogne, Dieppe et Bordeaux. Quelques mois plus tard avait lieu l'inauguration de la première ligne sous-marine qui rattachait Paris à Londres.

Presque en même temps le télégraphe français se rattachait aux lignes belges, et la télégraphie internationale était fondée.

En 1852, on se décida à étendre les lignes à toutes les parties du territoire français. Mais la télégraphie nationale avait encore le ridicule d'être affublée du système à deux fils, dont elle eut beaucoup de mal à se débarrasser, et qui, comme nous l'avons dit plus haut, avait été adopté non pas dans l'intérêt du service, mais uniquement dans celui des employés.

Malgré le développement rapide de la télégraphie, beaucoup de gens hésitaient à se servir du télégraphe ou n'en faisaient usage que pour des affaires d'une extrême gravité. Le temps est proche encore où l'on tremblait en ouvrant une dépêche, tant on était persuadé que le télégraphe ne pouvait apporter que la nouvelle d'une catastrophe soudaine ou d'un décès inattendu.

Ces temps sont heureusement passés.

Quant à la télégraphie aérienne, son existence se traîna misérablement pendant quelques années, mais elle finit en bonne Française, comme elle avait commencée :

La première dépêche du système Chappe avait été l'annonce de la prise de Landrecies par les troupes de la première République ; la dernière apprit aux Parisiens la prise du Mamelon-Vert par les soldats du second Empire.

ENFONCÉS, LES PIGEONS VOYAGEURS !

Un habitant d'Anvers, s'étant emparé d'une hirondelle nichant sous le toit de sa maison, la marqua au moyen d'un peu de couleur et la confia au convoyeur qui partait dernièrement pour Compiègne, accompagnant les deux cent cinquante paniers de pigeons voyageurs de la Fédération colombophile.

L'hirondelle y fut lâchée le lendemain à sept heures un quart, en même temps que les pigeons et, prompte comme l'éclair, elle prit la direction du Nord, tandis que les pigeons décrivaient encore

ROUEN (p. 37.)

de nombreuses spirales, en quête de leur direction.

Dès huit heures vingt-trois minutes, la « *messagère du printemps* » faisait son apparition à Anvers et s'empressait de rejoindre son nid. Les premiers pigeons ne rentrèrent au colombier que vers onze heures et demie.

L'hirondelle avait franchi les 255 kilomètres en une heure et sept minutes, soit une vitesse colossale de 3,455 mètres à la minute ou 207 kilomètres à l'heure. Les pigeons n'ont atteint qu'une vélocité de 922 mètres à la minute, représentant 57 kilomètres à l'heure.

LA PLUME FORESTIÈRE

Très originale, la plume forestière de M. Paul Martin, que nous décrit ainsi la *Vie scientifique.*

Tous les forestiers savent, en effet, que les aiguilles de pin sont réunies deux par deux dans la même gaîne et que, placées l'une contre l'autre, les extrémités des deux pointes aiguës se rencontrent exactement par suite de leur longueur rigoureusement égale. Attachez l'une à l'autre deux de ces aiguilles par une petite ligature faite avec un brin de fil tout près de l'extrémité pointue, et vous aurez une plume munie de deux becs bien aigüs et prêts à écrire tout ce qui vous plaira. Comme porte-plume, enfoncez tout le corps de la plume dans une branche d'arbre, de lilas ou de sureau, par exemple, en ne laissant dépasser les pointes que d'un centimètre environ. Le renflement de la gaîne empêchera son glissement dans l'intérieur du porte-plume.

Plongez votre plume dans un encrier, en ayant soin de la laisser séjourner un certain moment dans l'encre : celle-ci montera par capillarité dans le tube formé par la réunion des deux aiguilles et constituera une réserve de liquide suffisante pour écrire une vingtaine de lignes sans recourir à l'encrier. Cette plume est fine, simple et inoxydable.

L'OLOLIUHQUI

M. Raminez, du commissariat du Mexique à l'Exposition de 1900, donne quelques renseignements intéressants, sur une plante mexicaine : l'*ololiuhqui*.

Cette plante, du genre Ipomea, a joué un rôle considérable dans les mœurs mexicaines anciennes, et son usage dut être fortement combattu par les premiers missionnaires.

Elle servait à procurer l'ivresse.

Voici ce qu'en disait Hernandez :

« L'ololiuhqui, que d'autres appellent gohuaxihuatl (herbe de serpents), est une herbe tordue, dont les feuilles sont ténues, vertes et en forme de cœur ; ses tiges sont arrondies, fines et déliées, sa fleur blanche est longue ; ses graines sont presque rondes et assez semblables à celles de la coriandre ; c'est de là que lui vient son nom. Ses racines sont fines comme du fil. Cette plante est chaude au quatrième degré. Elle guérit le mal français, atténue les douleurs occasionnées par le froid, résout les ventosités et les tumeurs. La poudre de sa racine, mélangée à la térébenthine, chasse le froid et est un puissant remède pour les os brisés et disloqués. La graine sert aussi dans la médecine, parce que, moulue et bue ou appliquée sur la tête, elle guérit les maux d'yeux ; sa saveur est aiguë et sa température très chaude. Autrefois, les prêtres des Indiens qui voulaient pactiser avec le démon et en obtenir des réponses à leurs doutes, mangeaient de cette plante pour se rendre fous et voir les mille fantômes qui se présentaient à eux. Dans cet effet, elle ressemble au solanomaniaque de Dioscoride. Ce ne sera pas une très grande faute que d'omettre ici de dire où naquit cette plante, car il importera très peu qu'elle soit inscrite ici et même que les Espagnols la connaissent. »

Comme on le voit, les propriétés si actives de cette plante produisirent une telle impression sur le frère Ximenez, le traducteur d'Hernandez, qu'il ne voulut même pas dire où croissait l' « ololiuhqui. »

Ruiz Alarcon dit que l' « ololiuhqui » est une graine comme la lentille, et que, bue en décoction, elle privait du jugement. La foi que les naturels avaient dans cette plante était merveilleuse. En effet, ils la consultaient comme un oracle dans tout ce qu'ils voulaient savoir, et pour ce à quoi la connaissance humaine ne peut atteindre, comme la cause des maladies, qu'ils attribuaient, comme on sait, à l'ensorcellement.

La décoction de la graine de l' « ololiuhqui » était bue par un médecin, ou plutôt par un sorcier, qui, pour ledit office, était appelé « *payni* » et était très bien payé. Cependant, si le médecin n'était en même temps sorcier ou que, pour une cause quelconque, il voulût se libérer des effets troublants de la plante, il conseillait au malade de boire lui-même la décoction, et, si cela était impossible, il la faisait absorber par une autre personne que l'on rétribuait autant que le médecin. Mais le médecin, pour cette opération, désignait chaque fois le jour et l'heure auxquels la décoction devait être absorbée et le but que l'on poursuivait. Quel que fût celui qui prenait la médecine, on l'enfermait seul dans une pièce, qui, ordinairement, était un oratoire et où personne ne pénétrait pendant la consultation. C'est ainsi que s'appelait le temps pendant lequel le consulteur perdait le jugement et était supposé, sous l'influence de l' « ololiuhqui, » révéler ce qu'on voulait savoir. « Quand cette ivresse ou privation de jugement passait, dit Alarcon, le consulteur sortait, racontant mille histoires fantaisistes entre lesquelles le démon quelquefois mêlait quelques vérités et, avec celles-ci, les maintenait dans l'erreur. »

Ces effets merveilleux de l' « ololiuhqui » sont également produits par le « *peyote,* » et l'influence de ce dernier sur le cerveau a été récemment très étudiée par les physiologistes des États-Unis.

L' « ololiuhqui, » de même que le « peyote » ou mescal, était idolâtré par les anciens Mexicains, comme un de leurs dieux principaux, et les missionnaires trouvèrent fréquemment la graine de ces plantes parmi les pénates et les offrandes qu'on leur faisait dans les lieux sacrés, comme les montagnes, les fleuves, les sources.

La boisson obtenue avec la graine de l' « ololiuhqui » les privait du jugement et leur produisait l'effet d'un excitant du cerveau, en provoquant une multitude d'hallucinations, lesquelles, dirigées dans un certain sens par la suggestion, les faisait apparaître des êtres surnaturels avec lesquels les hommes du commun entraient en communication.

L' « ololiuhqui » était encore plus révéré que le « peyote, » et, d'après les écrits des missionnaires, ses effets sur le cerveau sont encore plus puissants et plus persistants que ceux du « peyote. » C'est pour cette raison que l'ivresse produite par la boisson confectionnée avec les graines de cette plante était encore plus recherchée que l'autre.

LA VENTRILOQUIE

M. H. Coupin a publié l'intéressante note suivante sur la ventriloquie :

L'illusion vocale bien connue sous le nom de ventriloquie n'est pas seulement exploitée dans les salles de spectacles par des artistes qui y ajoutent leur talent mimique. M. Paul Garnault, qui fit sur ce sujet une conférence à l'Institut psycho-physiologique, affirme en effet que la ventriloquie a été exercée avec une rare perfection et sur la plus grande échelle, par toute l'antiquité : chez les peuples anciens, les peuples conservateurs, tels que les Chinois, par exemple, et chez les peuples sauvages vivant actuellement, dans toutes les religions de l'antiquité, dans toutes les religions primitives qui ont persisté jusqu'à nos jours, elle a joué et joue encore un rôle immense comme génératrice de la divination et de l'inspiration.

Chez les Zoulous, les Maoris, les Tougans, la ventriloquie est extrêmement répandue et toujours associée à l'évocation des esprits, plus spécialement à l'évocation des esprits des morts. Des observateurs dignes de foi ont pu entendre la voix des esprits, sifflante et étouffée, sur le sol, sur le toit de la hutte, dans le lointain. Pendant ce temps, la bouche et le visage des prêtres et des sorciers restaient absolument immobiles, comme le font les ventriloques de profession.

Chez les Chinois, l'illusion sert à faire parler les morts, et ce sont les veuves qui constituent la clientèle la plus ordinaire des nécromanciens. On se sert pour la consultation, dit M. Garnault, auquel nous empruntons d'ailleurs les éléments de cet article, d'une petite statuette en bois de hêtre qui est exposée quarante-neuf jours à la rosée et s'imprègne pendant ce temps de l'esprit du mort. Le médecin applique la statue sur son estomac ; on entend aussitôt sortir de sa bouche des mots prononcés avec une voix caverneuse, sifflante et étouffée, qui constitue en même temps la voix des ventriloques et la voix des morts, et la conversation s'engage entre l'esprit et le consultant. D'autre fois, le nécromant prend la statue, la place au voisinage de l'oreille du consultant, et la conversation se produit de la même façon, sur le même ton. Dans les deux cas, la voix employée est certainement la voix de ventriloque, les descriptions des auteurs ne laissent aucun doute à ce sujet. L'illusion des fidèles est aussi complète que la nôtre en présence d'une scène de ventriloquie artistique moderne ; mais elle est produite par des

VOLCAN (p. 52.)

moyens entièrement différents : chez nous, elle repose sur une fausse interprétation du témoignage de nos sens; chez les Chinois, sur cette croyance religieuse que les esprits des morts peuvent être évoqués.

C'est aussi certainement par la ventriloquie que les anciens faisaient parler les statues : chez les vieux Égyptiens, on en employait même dont la tête et les bras étaient mobiles. Au musée du Louvre, on peut ainsi voir une tête d'Anubis, le dieu à tête de chacal, paraissant avoir été confectionnée et décorée vers la vingtième dynastie, dont la mâchoire en est articulée suivant les procédés qu'employaient encore nos ventriloques il y a quelques années. Mais M. Garnault, d'accord en cela avec M. Maspéro, croit que les prêtres eux-mêmes, en pratiquant ces fraudes pieuses, pensaient seulement exprimer, d'une façon plus sensible et plus édifiante, les sentiments de la divinité. Hum !

MAGASINS DE FORCE

La terre contient divers magasins de forces formidables que la Providence permet de domestiquer peu à peu et qui dépassent singulièrement ce premier magasin de force, le cheval.

Si l'on pouvait, par exemple, emmagasiner l'électricité de l'atmosphère, l'homme aurait de quoi mettre en mouvement toutes ses usines, tous ses bateaux, toutes ses locomotives, tous ses trottoirs roulants, etc.

Si l'on pouvait utiliser la force du flux et du reflux des océans, on pourrait transporter et faire danser des fardeaux comme la tour Eiffel.

Mais bien plus, on pourrait jouer à la balle avec des montagnes, si l'on recueillait la vapeur intérieure de la terre, dont les volcans sont des soupapes. Le volcan du Vésuve lance des pierres à 540 mètres de hauteur, près de deux fois la hauteur de la tour Eiffel. Tel bloc de 12 mètres cubes, pesant 30 tonnes, a été jeté avec désinvolture du fond du cratère avec une force de 607,995 chevaux-vapeur. 600,000 chevaux-vapeur soufflant par une fissure, quel magasin d'énergie cela suppose! Avec un trou au milieu de Paris, la capitale s'en irait tomber en poussière jusqu'en Amérique.

A l'heure voulue, un ange pourra donner à nos neveux la clé de ces magasins, dont déjà quelques manifestations ont suffi à révolutionner le globe.

En Amérique, on le sait, telle station de dépôt de force électrique compte 5,500 chevaux desservant deux villes, Ogden et Salt lake City et un district de 100 kilomètres de long. — Qu'est-ce que cela auprès des moindres réserves des magasins naturels?

LA TÉLÉGRAPHIE SANS FIL

On admire, mais on ignore généralement l'explication, bien simple pourtant, de la télégraphie sans fil.

Vous avez maintes fois constaté que si l'on jette brusquement une pierre dans l'eau, il se produit des ondulations circulaires qui vont s'élargissant, tout en diminuant de puissance à mesure qu'elles s'éloignent.

Un phénomène analogue se produit en électricité.

Si un conducteur, en un point est rompu, l'électricité, quand sa tension est suffisante, passe violemment d'un tronçon à l'autre, sous forme d'étincelles, et alors, dans le milieu ambiant il se produit des oscillations électriques qui se traduisent par des ondes concentriques qui se propagent à des distances considérables. De la force des étincelles dépend la puissance des ondes. Celles-ci se propagent à raison de plus de 300,000 kilomètres par seconde.

Le milieu qui transmet ces ondes électriques n'est pas l'air, il doit être l'éther qui nous transmet déjà la lumière et la chaleur du soleil.

Les ondes sont appelées hertziennes, du nom du savant allemand, Hertz, qui les découvrit. Elles traversent les corps, sauf le fer, mais encore elles contournent les obstacles faits de ce métal.

A titre de curiosité, disons que Hertz a obtenu de ses condensateurs et de ses oscillateurs, des oscillations d'un billion par seconde.

Les ondes sont invisibles. On constate leur passage avec le résonnateur et mieux encore avec le radio-conducteur de M. Branly, le savant professeur de l'Université catholique de Paris.

La télégraphie sans fil est résolue, puisqu'on en va faire l'application.

UN NOUVEAU VENU

Un nouveau métal s'est offert à la consommation du public il y a vingt ans. Ce métal blanc disait : « Je suis de la race des métaux précieux, je ne m'oxyde pas. » On le soupesait et on lui disait : « Tu ne pèse pas ! — C'est mon mérite, répondait-il, le poids est lourd à porter ; à ce point de vue, je vaux sept fois et demie plus que l'or, étant sept fois et demie plus léger. » Le nouveau venu fut poinçonné ; on en fit quelques monnaies, des bijoux. Mais du prix de 150 francs le kilo, qui approchait du prix légal de l'argent, lequel est de 200 fr. le kilo, l'aluminium est tombé, il y a dix ans, à 50 fr. le kilo, et actuellement il est tombé à 3 fr. 25 et 3 fr. 50 le kilo. Malgré toutes ses qualités, on en fait des casseroles. On en fait aussi des fils électriques, car il conduit mieux que le cuivre et coûte moins. C'est, en somme, un nouveau et splendide cadeau fait aux hommes par la Providence.

Grâce aux procédés électriques, les quatre Compagnies uniques qui l'exploitent, qui en produisent 5.000 tonnes l'an, vont encore accroître la production. Si la production de l'or — qui augmente aussi énormément — augmentait en semblables proportions, il deviendrait à son tour la casserole du ménage, il nous rendrait alors plus de service qu'aujourd'hui, où il allume l'envie et le désespoir, et cependant on le mépriserait au lieu qu'on l'honore! qu'on l'adore!

UNE MINE DE SEL INÉPUISABLE

Les immenses dépôts de sel de Salton, en Californie, aux États-Unis, constituent à plus d'un titre, une des curiosités naturelles du continent américain.

Ces dépôts occupent, sur une surface de près de 500 hectares, une dépression du désert du Colorado, située en quelques points à 90 mètres au-dessous du niveau de la mer. Les uns voient dans cet accident du sol une ancienne mer intérieure aujourd'hui desséchée, les autres une expansion du golfe de Californie séparée de l'Océan par quelque phénomène géologique.

On ne peut pas aller chercher si loin l'explication; les chaleurs torrides de la région évaporent toutes les eaux qui y arrivent, et, d'autre part, la plus grande partie de ces eaux est fournie par des sources salines, assez abondantes pour que la couche de sel conserve toujours sa puissance, malgré l'exploitation intensive dont elle est l'objet.

Il y a quelques années, le fleuve Colorado, rompant ses digues, envahit la région et y forma une véritable mer de plusieurs centaines de kilomètres carrés de surface; on crut un instant que l'exploitation du sel serait désormais impossible, mais les digues furent réparées, et, en quelques mois, le soleil avait épuisé ces eaux intempestives.

La Compagnie qui exploite l'immense gisement sans arriver à l'entamer, enlève par an environ 2,000 tonnes de sel vendu de 30 à 170 francs la tonne, suivant la qualité.

Cette exploitation se fait d'une façon fort curieuse. On n'emploie aux travaux que des Indiens, seuls capables de résister aux terribles chaleurs de ce désert — le thermomètre accuse jusqu'à 65° en juin — et à la réverbération produite par la blanche nappe de sel.

Pour briser la couche, on se sert d'une sorte de charrue à quatre roues, que dirige un conducteur placé en son centre; comme les animaux ne sauraient résister à ce travail en ce pays, la charrue est remorquée mécaniquement par un câble actionné par une machine fixe. A mesure que la charrue trace son sillon, elle rejette les blocs de chaque côté. Une charrue peut ameublir 700 tonnes de sel dans une journée. Les ouvriers indiens, armés de pelles, rassemblent les débris en tas. De là, le sel est transporté dans les magasins de la Compagnie où il est trié par qualité, brisé en menus fragments, et pour partie, moulu dans des appareils spéciaux. Bien sec, il est ensaché et expédié par le chemin de fer qui longe tout le gisement.

Chaque qualité de sel a son emploi. Le plus grossier va aux industries chimiques; beaucoup est utilisé pour les bains salés, appréciés de ceux qui ne peuvent aller les chercher à la mer. Enfin, les qualités supérieures sont vendues aux droguistes et pour les usages de la table.

UN PONT SUSPENDU MODERNE

Les chiffres intéressent toujours, dit-on, quand ils sortent de l'ordinaire. Ceux qui suivent doivent être du nombre, car ils montrent la hardiesse des ingénieurs modernes pour résoudre certains problèmes.

Les Américains construisent un nouveau pont sur l'East-River, à New-York, pour réunir l'île de Manhattan à Long-Island. C'est un pont suspendu qui, comme son voisin le pont de Brooklyn, est de dimensions peu communes. Quatre tours métalliques, groupées par deux, sont destinées à supporter les câbles; elles ont 102 mètres de hauteur et limitent la grande travée qui a 488 mètres d'ouverture, un demi-kilomètre.

Les câbles, au nombre de quatre, deux de chaque côté, auront $0^{m}461$ de diamètre. Chacun sera formé de 37 torons, et chaque toron sera constitué de 282 fils d'acier d'un millimètre et demi de diamètre, soit, pour un seul câble, 10,434 fils; l'ensemble représente une résistance à la rupture de 20,000 tonnes environ.

Un câble métallique de ces dimensions n'est pas d'un maniement facile : non seulement il serait impossible de le tendre d'une rive à l'autre, en le faisant passer sur les grandes tours, mais son transport de l'usine à pied d'œuvre ne présenterait guère moins de difficultés.

La solution du problème est des plus simples ; on le construit sur place. Le fil est passé et repassé au moyen d'appareils spéciaux, d'un bord à l'autre, de façon à constituer un véritable écheveau. L'opération est arrêtée aussitôt que 141 spires ont été ainsi formées, ce qui donne les 282 fils d'un toron. On achève en bridant les fils ensemble ; le tout est mis à sa place définitive et on en construit un autre.

Quand 37 torons ont été ainsi établis, on en réunit l'ensemble tous les 6 mètres par des brides en acier de forme spéciale qui sont munies de crochets pour recevoir les câbles de suspension du tablier, et il n'y a plus qu'à établir celui-ci. Or ce tablier mérite une mention spéciale :

Tous les ponts suspendus se distinguent par leur élasticité, par ces oscillations qui transforment le tablier en un véritable serpent, ou, si on le préfère, qui lui donnent l'aspect d'une mer dans laquelle les vagues se succèdent. On a trouvé cela charmant tant qu'il ne s'est pas produit d'accident; malheureusement, ils sont venus, et on a reconnu que cette soi-disant qualité est un défaut terrible ; dans certaines conditions de rythme, les ondulations prennent une amplitude qui amène la destruction de l'ouvrage. D'autres fois, ces ondulations, venant à contre-temps de deux extrémités du tablier, produisent en leur point de rencontre des effets mécaniques auxquels les matériaux les plus solides ne résistent pas.

Les ingénieurs américains, artisans des plus grands ponts suspendus du monde, sont arrivés à la solution de cette difficulté en employant des moyens tout contraires à ceux chers au vieux monde. Dans leurs ponts suspendus, le tablier est absolument rigide, c'est une véritable poutre. Si la portée n'était pas si considérable, elle suffirait seule à constituer un viaduc.

La suspension n'a donc plus pour objet que de la soulager des fardeaux qu'elle a à supporter, qu'ils proviennent des charges qui y circulent ou de son poids propre.

Un dernier mot. Pour construire ces gros câbles du pont, on a établi des sommets des tours d'un côté, à ceux des tours sur l'autre, des passerelles des plus hardies reposant chacune sur deux câbles et formant une immense guirlande suspendue à quelque 50 mètres au-dessus de l'eau.

Ces ouvrages, destinés à disparaître, sont par eux-mêmes considérables et d'une hardiesse extraordinaire.

PLUIES DE POISSONS ET DE GRENOUILLES

Un observateur, à Tillers Ferry (Caroline du Sud), a signalé en juin 1901, que, pendant une forte pluie, il tomba des centaines de petits poissons (perches, truites, etc.) que l'on trouva ensuite nageant dans les flaques d'eau entre les rangs de cotonniers.

C'est un fait bien connu que, durant ces sortes de pluie, des matières étrangères, branches, pierres, grenouilles, poissons, ou même débris de maisons détruites, de moissons emportées, tombent non seulement en Amérique, mais aussi en Europe et partout ailleurs. Il est très rare qu'on puisse remonter jusqu'à leur point de départ, mais l'on ne peut raisonnablement douter qu'elles n'aient été enlevées de terre par des coups de vent violents comme les orages et les tourbillons.

Des faits analogues ne sont pas rares, en effet, et cependant, ils trouvent encore un certain nombre d'incrédules; il est donc bon de rappeler en cette occasion que des témoins dignes de foi, des observateurs sérieux, ont constaté à différentes reprises des chutes de batraciens dans des conditions qui ne laissent place à aucune autre interprétation que l'intervention des éléments; leur arrivée spontanée, par exemple, dans des vases placés sur des piliers ou dans les chéneaux de toitures où jamais ils n'auraient pu arriver d'eux-mêmes, quelle que soit la puissance de leurs jarrets.

BONNES SALAISONS

On est arrivé à des résultats surprenants pour la conservation des aliments frais, sans abandonner complètement toutefois le système des salaisons, seul mode connu de nos ancêtres.

Nous apprenons aujourd'hui que ce procédé par la saumure remonte à l'antiquité la plus reculée et que la pratique de nos industriels est à ce point de vue d'une infériorité incontestable si on la compare à celle des âges primitifs. Nous devons cette révélation à M. Hugonenq.

Les anciens Égyptiens avaient la plus grande vénération pour un superbe poisson sacré de la famille des Percoïdes, le *Lates niloticus*, qui habite encore en quantités innombrables les eaux du Nil. Ils s'efforçaient de les préserver de toute destruction, et on retrouve leurs corps momifiés en nombre considérable et dans un si parfait état de conservation que beaucoup, lorsqu'ils ont été nettoyés de la vase salée dans laquelle ils ont été plongés, semblent presque sortir de l'eau, les écailles présentant encore tout leur éclat et bien souvent même leurs vives couleurs. Quelquefois le globe de l'œil, absolument intact, laisse voir à l'intérieur le reflet doré et argenté de la membrane indienne. Pour arriver à cette conservation, les anciens Égyptiens ne se sont jamais servis de leurs préparations d'asphalte.

Les recherches de M. Hugonenq, sur la composition chimique du liquide conservateur, lui ont permis de reconnaître que les poissons égyptiens subissaient tout simplement une macération plus ou moins prolongée dans les eaux fortement saumâtres des lacs de natron, situés dans différentes parties de l'Égypte, puis qu'ils étaient ensuite entourés d'une couche de vase chargée de substances salines, maintenue par un bandage habilement appliqué. Grâce à la sécheresse de l'air et à l'action protectrice d'un sable absolument sec, chaud et presque toujours fortement salé, ces momies se sont si bien conservées pendant vingt siècles au moins que quelques-unes d'entre elles paraissent contenir encore presque autant de matières animales que certaines morues qui sont débitées sur nos marchés.

Quelle est la salaison moderne qui oserait affronter une conservation de dix ou douze années, surtout quand il s'agit de chair de poisson? Or, les conserves égyptiennes ont vingt siècles de plus! Avouons, toutefois, que nous n'en avons pas goûté, que nous ne sommes pas tentés de le faire, et que M. Hugonenq, dans sa communication à l'Académie, n'a pas dit qu'il ait confié quelques-unes de ces momies à sa cuisinière, un vendredi matin.

LES MIETTES DE L'HISTOIRE DES SCIENCES
LES SAVANTS DISTRAITS

Les savants sont-ils plus distraits que les autres hommes? A cette question, souvent posée, on a presque toujours répondu par l'affirmative. Il faudrait cependant ne pas confondre tous les hommes de science en une même classe de distraits et d'originaux, mais, au contraire, les séparer nettement en deux groupes : les intuitifs, les géniaux, les théoriciens, les inventeurs de grandes hypothèses, ceux-ci sont les distraits; les travailleurs, les érudits, les démonstrateurs qui s'appuient sur la logique pure, sur la déduction, ce sont les esprits pondérés et mathématiques qui matérialisent la science et nous en montrent parfois l'utilité cachée.

Le chapitre des distractions semble avoir été épuisé. Les candidats au baccalauréat, auxquels on ne veut point enseigner l'histoire des sciences comme si cette histoire n'existait pas ou ne contenait aucune beauté, les candidats au baccalauréat confondent aisément Archimède et Galilée; ils ne savent point à quelle époque vécut Newton, mais ils parleront tous de son amour pour les chats et de sa façon de faire cuire sa montre en regardant l'heure sur un œuf destiné à être mis à la coque. Les distractions d'Ampère, le savant immortel, furent racontées partout, publiées dans toutes les langues ; il en est pourtant quelques-unes de peu connues.

GALILÉE (p. 64.)

Les étudiants scientifiques modernes décrivent, inventent, exagèrent parfois les oublis, les ahurissements d'un de nos plus célèbres professeurs.

Or, tandis que les distractions de certains savants, un peu connus, sont devenues légendaires, on ignore à peu près les faits et gestes originaux des hommes de moindre renommée, de Rouelle, par exemple, éminent chimiste et précurseur de Lavoisier (né en 1703, mort à Paris en 1770).

Rouelle ne professait qu'en sous-ordre, il n'était en réalité que préparateur et démonstrateur du cours de M. Bourdelin au jardin du roi; mais ce singulier savant eût fait un détestable employé, il n'aimait rien tant que convaincre ses élèves de la nullité profonde de son maître, le professeur titulaire, de ce pauvre M. Bourdelin. Esprit original, fort emporté, Rouelle recherchait la contradiction, mais perdait bientôt le calme nécessaire à la saine discussion et injuriait tout le monde.

Si les adversaires ne renonçaient pas instantanément à la lutte, il les insultait grossièrement, puis enfin les traitait de plagiaires pour leur exprimer son profond mépris; plagiaire était le mot dans lequel il plaçait toutes les colères, toutes les fureurs; pour témoigner son horreur pour l'attentat de Damiens, il ne manquait pas de dire que c'était un *plagiat!*

Pendant les manipulations, Rouelle était ordinairement assisté de son neveu. Mais cet aide ne se trouvant pas toujours sous la main, Rouelle l'appelait, en criant à tue-tête : « Neveu, éternel neveu », et l'éternel neveu ne venant pas, il s'en allait lui-même (après avoir enlevé son habit et sa perruque qu'il posait sur une cornue), dans les arrière-pièces de son laboratoire, chercher les objets dont il avait besoin; ceci ne l'empêchait pas de continuer sa leçon comme s'il avait été en présence de ses auditeurs. A son retour, il avait ordinairement fini la démonstration commencée, et rentrait en s'écriant : « Oui, Messieurs ! Voilà ce que j'avais à vous dire. »

On le priait alors de recommencer son discours, ce qu'il faisait de la meilleure grâce du monde, croyant simplement avoir été mal compris. Dans sa pétulance et sa distraction, il émettait souvent des vues neuves, profondes, hardies; il décrivait souvent des procédés dont il eût bien voulu dérober le secret à ses élèves, mais qui lui échappaient à son insu, dans la chaleur de l'improvisation; puis il ajoutait : « Ceci est un de mes arcanes que je ne dis à personne », et c'était là précisément ce qu'il venait de répéter à tout le monde.

On pourrait ne point tarir sur le compte de Rouelle et raconter de sa vie des anecdotes stupéfiantes et presque inconnues; beaucoup d'autres savants (principalement les chimistes, pourquoi?) présentèrent ce genre d'originalités. Des mathématiciens et des philosophes poussèrent la distraction spirituelle jusqu'à ses dernières limites; Lagrange était le plus extraordinaire, tout au moins à ce point de vue. Et n'est-il point naturel après tout, d'admettre que les hommes d'élite, possesseurs d'une intelligence transcendante, méprisent les ordinaires préoccupations de l'existence pour chercher les vérités scientifiques, ou mieux encore la solution des grands problèmes philosophiques?

LES SOUS-MARINS

Nous croyons intéresser nos lecteurs en plaçant ici le récit de M. Calmette qui accompagnait les ministres dans l'expérience faite dans le courant de l'année 1901 :

— Accoté au premier ponton, à fleur d'eau, à peine visible, le sous-marin *Morse* était devant nous.

On ne distinguait, sous la vague qui balayait complètement le sommet de sa carapace, que deux parcelles extérieures du long fuseau que forment les sous-marins de ce type perfectionné : c'étaient deux énormes bras de fer reliant, comme un appui pour l'homme, un panneau rond, de 50 centimètres environ de diamètre, panneau ouvert par lequel, au repos, se renouvelle l'air, et descend l'équipage, et un casque de fer de même dimension émergeant d'un demi-mètre de hauteur, casque au centre duquel se tenait à cette heure, en observation, le commandant. Ce casque ou kiosque hermétiquement fermé et muni tout autour de minuscules petites vitres fort épaisses (des hublots), permettent de surveiller l'horizon au ras de l'eau, s'immerge bien entendu avec le sommet du fuseau, et disparaît comme tout le reste, dès que le sous-marin a plongé.

Mais à ce moment-là, c'est tout ce que le *Morse* nous laissait voir.

M. de Lanessan accompagné de son chef d'état-major, l'amiral Bienaimé, et du directeur des constructions navales, descend alors dans le sous-marin pour s'assurer que les dernières transformations qu'il avait prescrites ont été faites ; il s'entretient avec l'équipage, questionne les uns et les autres avec une bienveillance et une science qui séduisent les petits et les grands ; il félicite tous ces braves gens des progrès que leur courageuse expérience permet d'accomplir ; puis il reparaît à la surface avec sa suite, remet pied à terre, et tandis qu'il a donné les ordres de la journée au *Morse*, il s'embarque sur la chaloupe amirale pour aller rejoindre un autre sous-marin, le *Narval*, qui, lui aussi va naviguer immergé.

Trois autres visiteurs lui succèdent dans le *Morse* trois personnes seulement, pouvant y prendre place sans gêner les douze hommes de l'équipage, cette fois c'est le général André, ministre de la guerre, M. le docteur Vincent, médecin en chef de la marine et moi.

L'un après l'autre, avec quelque difficulté, car

l'espace est des plus restreints et il faut enlever nos fourrures qui tiendraient trop de place, nous descendons chaque échelon fixé le long du panneau, et nous nous installons à côté du poste du commandant.

Notre excursion va commencer immédiatement, puis nous remonterons dans deux heures à la surface de l'eau, là-bas, à 3 milles de distance vers le nord, pour y rejoindre le *Narval*. Tel est le programme de notre voyage que l'amiral Dieulouard répète au commandant pour le préciser encore.

— C'est entendu, amiral, répond le commandant du *Morse*, le lieutenant Terrin.

Puis, s'adressant à la minute même à l'équipage dont chaque homme a déjà pris le poste de manœuvre, le commandant crie, en scandant chaque mot :

— Fermez tout! Souquez le panneau d'arrière! Moteur en avant! 10 à droite! 20 à droite! Zéro!

En bas, au-dessous de lui, un matelot répète, d'une voix tout aussi ferme, ses ordres un à un :

— Fermez tout! Souquez le panneau d'arrière! Moteur en avant! 10 à droite! 20 à droite! Zéro!

Et le silence se fait.

Le *Morse* est déjà parti pour son mystérieux voyage dans les profondeurs d'en dessous, évoluant comme un poisson, mais se tenant encore au ras de l'eau jusqu'à la sortie du port, afin d'éviter les mille embarcations qui se croisent devant l'arsenal.

Dire qu'à cette minute exacte, que j'avais tant souhaitée cependant, je n'ai pas été pris de ce léger frisson que donne l'inconnu, ce serait mentir. Certes, avec ce nouveau *Morse*, qui depuis trois mois sans le moindre accident, sans la moindre surprise, sans le moindre choc, a fait les essais les plus merveilleux, on est assuré de ne pas s'ensevelir dans les gouffres de la fin; l'angoisse des incertitudes du retour n'existe pas; mais cette fermeture si soudaine et si complète dans ces cloisons de fer qui vous séparent déjà du monde et vont plonger avec vous dans cette chose mystérieuse et mouvante qui attire à elle tant d'hommes, et ne les rend pas toujours, — tout cela, malgré tout, sans vous inspirer la moindre hésitation, la moindre peur ou le moindre trouble, vous donne une ultime pensée de doute, à peine conçue, et je ne sais quel sentiment d'affectueuse mélancolie qui vous fait, en partant, serrer des mains quelconques, comme si c'étaient des mains d'amis.

Très calme, au contraire, imperturbable, silencieux, intrigué par cette navigation nouvelle pour lui, observant tout, le général André s'est déjà installé près du commandant; il est assis tant bien que mal sur un pliant, car il n'y a ni chaises ni fauteuils, on le devine, dans ce long fuseau qui nous emprisonne par hasard, et où tout est combiné pour l'équipage seul, en vue d'une action sans trêve. D'ailleurs, le ministre de la guerre est trop grand pour se tenir debout : sa tête, qui dépasse toutes les autres, heurterait les fers du plafond.

Une promenade un peu prolongée serait en outre impossible. Comme espace libre, nous n'avons qu'un étroit couloir de 60 centimètres de largeur, haut de moins de 2 mètres, sur 30 mètres de longueur, et divisé, dans cette longueur, en trois sections d'égale importance, mais toutes différentes de destination.

Dans la première, à l'avant du fuseau, reposent les torpilles avec le lance-torpille qui, à 5 ou 600 mètres, coule sûrement, avec les procédés secrets actuels, le plus gigantesque des cuirassés.

Dans la deuxième section sont empilés les accumulateurs électriques qui donnent la lumière et la force ; dans la troisième se trouve, à côté de l'hélice, le moteur électrique qui transforme en mouvement le courant des accumulateurs.

Au-dessous de tout cela, sous le plancher qui nous porte, sont ménagés, d'un bout à l'autre, d'immenses réservoirs d'eau des watter-ballasts, que des machines électriques vident ou remplissent en quelques secondes, pour faire remonter ou plonger le bateau.

Au centre, enfin, de ce fuseau, dominant ces trois sections que la lumière électrique inonde de clarté et qu'aucune cloison ne sépare, les tenant par conséquent à tout instant sous sa vue, le lieutenant de vaisseau, debout, observe, commande, veille et surveille, donnant pour ainsi dire la vie, la raison d'être et la raison à ses machines, et surveillant, lui-même et lui seul, à la fois la marche extérieure et intérieure du sous-marin.

C'est l'autorité, l'initiative et la responsabilité dans tout ce qu'il y a de plus passionnant, de plus noble et de plus absolu.

Il n'y a qu'une chose, hélas! qui pourrait anéantir en une seconde toutes ces qualités à la fois; c'est cette longue bibliothèque d'accumulateurs qui ressemblent à des dictionnaires empilés d'un Larousse gigantesque en six cents volumes. Si l'électricité manquait, tout s'arrêterait, moteur, hélice, équipage; les ténèbres envahiraient le sous-marin et l'emprisonneraient à jamais dans les eaux. On a bien ménagé, il est vrai, pour parer à ce désastre, en dehors même du fuseau, en bas, une série de lames de plomb dont on peut, du dedans, délester le bateau ; mais en admettant même que ce lest soit suffisant pour ramener à la surface le sous-marin, le bateau irait à la dérive et perdrait en tous cas ses propriétés de sous-marin. C'est pour parer à ce désastre qu'on étudie depuis quelques mois une ...nbinaison de moteurs qui permettrait de charger ... place, à nouveau, les accumulateurs en cas d'usure anticipée ou imprévue. Sans trahir aucun secret, il est tout à fait utile et bon d'ajouter que cette nouvelle combinaison elle-même est dès maintenant résolue : elle sera pratiquée dans les prochains sous-marins, le *Français*, et l'*Algérien* du *Matin*, dont les carcasses, déjà pleines de mystérieux progrès, résonnaient hier sous d'innombrables marteaux, dans les cales sèches de l'arsenal.

Mais l'heure n'est pas aux craintes, puisque le *Morse* qui nous emprisonne après avoir navigué à fleur d'eau jusqu'à l'extrémité du port, va précisément s'immerger.

Dès lors, la place du commandant n'est plus dans le casque ou kiosque qui permet de suivre, à travers les hublots, et d'indiquer la route au ras de la vague. Sa place est désormais plus bas, au centre même du fuseau, au milieu de toutes sortes de manipulateurs électriques, les yeux continuellement fixés devant un mystérieux appareil optique, le *périscope,* dont l'autre extrémité flottera constamment sur l'eau, très loin, quelle que soit la profondeur de la plongée, et qui lui donnera l'image absolument fidèle et nette, comme une chambre claire, de tout ce qui se passera sur l'eau, et de tout ce qui flottera sur l'eau.

C'est l'instant le plus émouvant.

Je me précipite vers les minuscules hublots du casque pour mieux saisir cette impression d'immersion totale, tandis que les ordres du commandant Terrin retentissent, répétés par le lieutenant Théroulde, vérifiant sur la carte maritime les profondeurs :

— En avant! Ouvrez les ballasts! Évoluez, moteur en avant, 20 à gauche!

Les caisses d'eau se remplissent, rejetant près de nous et pour nous leur trop plein d'air qui renouvelle ainsi notre atmosphère; et là-haut, dans notre minuscule observatoire, où se place au-dessus de moi le général André, tandis que le bateau s'immerge, le spectacle le plus inattendu s'offre à nos yeux.

C'est d'abord une ondulation très lisse, une boursouflure d'eaux qui se crée autour du *Morse* pendant que ses caisses se remplissent; des collines lointaines se dérobent; puis l'horizon s'effondre; la ligne bleue de la mer qui semblait sans limites disparaît; le vent ne gémit plus; la vague caresse doucement les hublots, puis les voile peu à peu d'une couche de pâle émeraude ; au-dessus de nous les eaux s'entassent, s'entassent, comme une marée de déluge qui monterait jusqu'aux astres ; c'est l'affaissement de toutes choses, l'effondrement de tout notre monde extérieur ; il n'y a plus de nuages, il n'y a plus de ciel ; et sur nos têtes, ou autour de nous, les voûtes liquides sont tellement denses, tellement ternes, tellement éteintes qu'on ne peut plus se figurer qu'il y ait quelque part un soleil. Nous n'avons cependant que cinq mètres d'eau au-dessus de nous.

On regarde avidement, avec des yeux dilatés pour tout saisir, on ne voit plus rien que des eaux confusément vertes dont nous sépare une vitre qui semble devenue opaque ou dépolie. Vingt mètres au-dessous du niveau de la mer, on ne voit même plus ces profondeurs confuses; les ténèbres envahissent tout et réunissent tout dans une immense et éternelle nuit.

Quant à la plongée elle-même, elle est, matériellement, tellement douce et sans secousse, dans l'absolu silence des eaux, que, physiquement, dès que les hublots sont immergés, on ne les perçoit pas, on ne sait même pas si l'on descend, et le manomètre seul est capable de vous indiquer, par la mobilité de son aiguille sur le cadran gradué, à quelle profondeur navigue le *Morse*.

Car le *Morse* navigue en même temps qu'il plonge,

et vous n'avez la sensation ni d'une marche, ni d'un glissement, ni d'un roulis, ni d'un remous.

C'est l'envahissement féerique d'une paix infinie dans un pays inconnu qui semble fait d'ombre et d'immobilité; mais cet envahissement est fantastique autant que subit, puisque, en moins de deux minutes — en soixante-dix secondes exactement — après le commandement du chef, nous avions au-dessus du *Morse* une profondeur soudaine de six mètres d'eau, c'est-à-dire la profondeur réglementaire pour éviter tout obus et pour lancer, au contraire, le plus sûrement, les torpilles dans les parties vives des cuirassés ennemis.

Les autres sous-marins, du type du *Narval* et de construction toute autre, ne peuvent s'immerger qu'après une manœuvre d'une demi-heure.

Quant à la respiration des hôtes du sous-marin, elle est aussi parfaite que dans un appartement quelconque. M. de Lanessan, qui depuis son ministère si actif a mis en chantier huit nouveaux sous-marins, s'est préoccupé de cette question comme médecin autant que comme ministre; et, grâce aux travaux de MM. d'Arsonval, Laborde, Louis Vincent, etc, et d'une commission qu'il a formée, cette question est complètement résolue : l'équipage peut rester en navigation sous-marine pendant seize heures sans la moindre fatigue pour les poumons, tandis que notre excursion de lundi n'a duré que deux heures à peine, deux heures qui nous ont paru trop courtes tant elles étaient probantes, passionnantes et instructives.

Vers midi, au moyen du mystérieux *périscope*, qui flotte, toujours invisible, à la surface des eaux et apporte au sous-marin l'image de tout ce qui se passe à cette surface, le commandant Terrin nous montre le *Narval* qui vient d'émerger avec ses deux drapeaux près de la vieille batterie *Imprenable*. Des profondeurs où nous naviguons, nous suivons chacune de ses moindres manœuvres, jusqu'au moment où le pavillon de l'amiral s'agite de droite à gauche au sommet d'un fort pour nous rappeler que l'heure du retour va sonner.

A l'heure fixée en effet, à midi, nous quittons le pays d'ombre et de repos, nous remontons en quelques secondes, à trois milles de l'arsenal, à l'air libre, où nous retrouvons la subite lumière, le bruit, le froid, l'agitation de la mer, avec la grande plainte du vent nord-est, et nous regagnons, suivant l'ordre, le *Narval* et ses hôtes.

Avec les deux ministres et leur état-major, que ces expériences si concluantes et ces progrès si positifs ont remplis de satisfaction, une chaloupe à vapeur, de l'*Imprenable*, nous ramenait au port une demi-heure après, tandis que le *Narval* et le *Morse* s'immergeaient de nouveau pour une durée de huit heures, disparaissaient, allaient, venaient, couraient d'autres profondeurs et lançaient jusqu'au soir leurs torpilles sur des buts mobiles ou fixes, avec une précision dont nos officiers ont le secret.

L'excursion sous-marine du *Morse* s'arrêtait là pour nous.

Mais quels souvenirs émouvants, enthousiasmés et charmeurs elle nous laisse! Et quelle admiration il est juste de vouer à ces vaillants équipages des sous-marins, à leurs ingénieurs et à leurs chefs!

LE PROFESSEUR MÉCANIQUE

De tous temps on a cherché à perfectionner les méthodes d'enseignement, et c'est fort bien. Or voici le dernier progrès, le fin du fin en la matière : on supprime le professeur. Ce qu'il y a de plus drôle, c'est que ce sont des professeurs qui ont eu cette idée, quelque peu imprudente, semble-t-il, pour leur industrie, d'autant plus imprudente même, que ce système paraît excellent.

Il s'agit d'une nouvelle méthode pour l'étude de la langue française chez les étrangers; c'est en Angleterre que cette idée assez originale a pris naissance. Plusieurs éminents professeurs de français s'emploient à inscrire leurs leçons sur des cylindres phonographiques. La collection de ces phonogrammes est accompagnée d'un ouvrage : *The pictorial French course,* qui donne la méthode pour en tirer parti. Chaque volume contient trente leçons correspondant chacune à un cylindre ; des illustrations accompagnent le texte. Les étudiants n'ont qu'à mettre le phonographe en action et à suivre sur le livre le texte qui explique ce qu'il répète. Ce professeur inanimé est économique et très propre à donner aux élèves le sentiment d'une correcte prononciation. En plus, entre deux leçons, on peut ranger le professeur dans une armoire, ce qui est bien commode.

Quoi qu'on promette comme résultat une correcte prononciation, nous craignons que les élèves de ce nouveau professeur ne parlent un peu du nez ; mais bah ! on croira simplement qu'ils ont appris notre langue dans telle province de notre pays, que notre prudence nous empêche de nommer.

Les professeurs allemands et anglais, plus pratiques, ne semblent pas très décidés à faire preuve de générosité en imitant leurs collègues français ; ils ne veulent pas, sans doute, tuer la poule aux œufs d'or ; cela viendra, il faut l'espérer ; nos chers compatriotes, si réfractaires aux langues vivantes, ont grand besoin de pareille ressource.

Mais pourquoi ne pas élargir la question ? Les professeurs coûtent très cher partout ; ils mangent peu sans doute ; mais ils mangent. Pourquoi ne pas créer un puissant institut de phonographes pour toutes les classes, lettres ou sciences? Quelques professeurs suffiraient à l'inscription phonographique des leçons ; ce serait le lycée central, dont les cours

NEWTON (p. 64.)

seraient exactement répétés partout. Quelle économie d'intellectuels ! Nous sommettons humblement cette idée à ceux qui travaillent à supprimer les professeurs chrétiens, sans avoir personne pour les remplacer.

PHOTOGRAPHIES INDISCRÈTES

M. Lodge, jaloux de se procurer un document inédit d'histoire naturelle, chercha les moyens d'obtenir la photographie d'un héron pourpre sur son nid. Or, à l'état sauvage, cet oiseau se prête peu à la pose photographique.

Un biais ingénieux fit espérer un excellent résultat.

Une chambre noire fut fixée dans les environs du nid, munie de sa plaque ; le déclanchement de l'obturateur y était commandé par une détente que l'oiseau devait mettre en jeu lui-même en se posant. Le dispositif fonctionna parfaitement, et ce fut une joie de le constater lorsqu'on vint le visiter. La plaque fut portée soigneusement dans le laboratoire, et développée. Hélas ! quel ne fut pas l'étonnement du zoologiste quand, au lieu de l'image d'un oiseau, il vit se révéler celle d'un chien ! Cet animal indiscret, sans aucune idée de la photographie, était venu pour dérober le nid et avait fait prendre son image, comme le plus vulgaire des cambrioleurs aux prises avec un coffre-fort moderne.

Quoi qu'il en soit, le système est ingénieux et peut servir à saisir sur le vif une foule de scènes de la vie animale qui échappent à nos observations; seulement il faut éloigner les intrus, chiens ou chats, ce qui n'est pas sans difficulté.

On fait d'ailleurs remarquer qu'on pourrait encore perfectionner le système et le faire agir la nuit. Dans la protection des coffres-forts à laquelle nous faisions allusion plus haut, un déclanchement détermine l'éclairage électrique, indispensable, les voleurs n'opérant guère que dans les ténèbres. Pour la photographie d'animaux, on pourrait employer l'éclair de magnésium qui serait produit par la détente déclanchant l'objectif. Le modèle serait un peu étonné, sans doute; mais son image serait imprimée sur la plaque avant qu'il ait pu le laisser voir.

Voilà un nouveau champ d'opération ouvert aux photographes amateurs, toujours en quête de sujets à faire poser et qui trop souvent, dans leur rage d'opérer, fatiguent un peu leur entourage.

---

200 KILOMÈTRES DE CHEMIN DE FER AVEC 600 MÈTRES DE VOIE

Nous avons connu la voiture dont les roues portaient un rail sans fin, venant se poser de lui-même sur le chemin à mesure que le véhicule progressait. C'était fort ingénieux, mais peu pratique. On vient de faire mieux au Soudan dans le même ordre d'idées, et l'opération mérite une mention, car elle constitue un véritable tour de force accompli par ceux qui l'ont imaginée et conduite jusqu'au succès final.

La Société minière et commerciale de Satadougou (Afrique occidentale) avait à transporter dans le Soudan français, par le Sénégal, un matériel complet de dragues et d'excavateurs pour des placers aurifères situés à Satadougou, sur la rivière Falémé. Ce matériel représentait près d'une centaine de tonnes réparties en douze wagons.

Voici la manière originale dont on a résolu la question. On a acheté 600 mètres de rails ; on a chargé les douze wagons et on s'est mis à avancer dans la brousse en faisant simplement ramener les rails arrière et en les portant en avant. Des nègres faisaient ce service, et les wagons avançaient aussitôt que le rail de devant était posé. On a franchi ainsi 150 à 200 kilomètres !

Le transport a duré de deux à trois mois ; on a donc franchi environ deux kilomètres par jour, malgré les inondations, les orages et les incidents de toutes sortes qui ont dû accompagner une semblable aventure.

L'entreprise était hardie et fait honneur au talent et à l'énergie de l'ingénieur qui l'a dirigée ; mais elle a une portée plus haute. En résolvant ce difficile problème du transport d'objets extrêmement lourds à travers le désert africain, sans employer de porteurs, on a donné un excellent exemple. On sait que le portage, indispensable sur les sentiers de l'Afrique, est l'un des plus puissants arguments des esclavagistes : or, il y en a encore beaucoup, et tous ne sont pas nègres.

LE CAMPHRE

Les adeptes de la médecine de Raspail, les dames qui se plaisent à empoisonner leurs lainages pendant l'été avec du camphre, les fabricants de celluloïd, les pharmaciens sont menacés dans leur industrie. Le Japon, cet aimable Japon, qui l'aurait cru? veut nous rendre fort onéreux l'usage du camphre.

L'île de Formose produit à peu près tout ce qui s'en consomme dans le monde. Jadis, le gouvernement chinois avait pris, dès le XVIIe siècle, le monopole de la production. Ce monopole fut aboli en 1868, et alors l'exploitation se fit à outrance. Cette liberté d'exploitation provoqua la destruction imprévoyante des forêts; le gouvernement chinois s'empressa d'édicter des mesures protectrices. L'île fut divisée en six districts. Le nombre des personnes autorisées à exploiter les camphriers, qui était de 4,000, fut réduit à 40.

Le prix du camphre se releva un peu à la suite de ces mesures ; d'ailleurs d'autres causes y contribuaient. La distillation du bois de camphrier se fait surtout dans l'intérieur de l'île ; les indigènes pillent souvent encore les caravanes de camphre : ces risques augmentent naturellement le prix du produit.

Mais les Japonais, actuellement possesseurs de Formose, ont pris une mesure plus radicale pour sauver les plantations de camphriers et aussi pour protéger une culture qui se développe dans les îles de leur empire ; ils ont limité l'exportation.

L'industrie s'en est émue, puis a agi. Déjà elle a remplacé le camphre par la naphtaline et ses dérivés pour fabriquer le celluloïd. Quant à l'huile de camphre, elle se propose de la remplacer, pour parfumer les savons, par d'autres huiles.

Restent les dames, les pharmaciens et les innocents fumeurs de cigarettes de camphre (s'il en existe encore !).

Les dames, pour lutter contre les mites, s'adresseront à la naphtaline qui sent au moins aussi mauvais que le camphre ; le sort des pharmaciens nous touche peu ; ils sont gens à trouver des succédanés à n'importe quoi. Restent les fumeurs de cigarettes ; qu'ils se consolent ; on projette de cultiver le camphrier à Ceylan et dans l'Inde, et, dans vingt-cinq ou trente ans, ils pourront reprendre leur douce habitude sans jeter trop d'argent en vapeur. Au surplus ils peuvent continuer au prix d'un léger sacrifice supplémentaire. Et en voici la preuve :

Le monde entier consommait 10,400,000 livres de camphre par an. Le Japon permet à Formose d'exporter la moitié de cette quantité, 5,200,000 livres. Le Japon lui-même peut déjà en fournir 1,560,000 livres ; il ne manque donc plus que 3,640,000 livres pour suffire à la consommation telle qu'elle était dans ces dernières années. Or, cette différence ne sera pas prélevée sur les seuls fumeurs de cigarettes. Ceux-ci continueront donc en y mettant le prix, si leur passion est sérieuse. Les fumeurs de tabac payent bien, sans trop se faire presser, le droit d'empoisonner leurs voisins, en donnant 6 fr. 25 de la livre de tabac qui vaut exactement 0 fr. 60 !

LES POUSSIÈRES

Les hygiénistes affirment que les poussières sont très dangereuses ; ils devraient bien nous donner le moyen de les éviter, ce qui ne semble pas facile. On arrive, dans certains milieux privilégiés, à immobiliser, dans une mesure, celles qui ont eu l'imprudence ou la paresse de se reposer sur le sol ; on y emploie l'eau et même le pétrole.

Mais jusqu'à présent, celles qui vagabondent dans l'atmosphère échappent complètement à la répression; or, leurs armées se renouvellent tous les jours; elles se recrutent de cent façons diverses, qu'il est sans doute inutile d'énumérer, et les mouvements de l'air se chargent de les mobiliser. Si encore nous n'avions à lutter que contre les molécules mises en mouvement à la surface de la terre, on pourrait peut-être rêver une solution plus ou moins parfaite pour un avenir plus ou moins éloigné. Mais nous recevons chaque jour des quantités de poussières cosmiques contre lesquelles on ne saurait établir de barrières. Les grossiers habitants de la terre, si mal servis par des sens imparfaits, ne se doutent guère de la quantité d'aliments inopportuns donnés ainsi à leurs poumons. Quelques savants se sont préoccupés de la question; ils ne peuvent encore nous fixer sur la quantité de ces poussières, mais déjà ils nous disent combien leurs sources sont nombreuses. M. See a eu la patience de passer de longues nuits, l'œil fixé dans une lunette, et il a compté le nombre de météores passant, dans un temps donné, dans le champ de l'instrument; les moyennes obtenues ont permis, par un calcul facile, d'établir que l'atmosphère terrestre reçoit 600 millions de météores en une seule nuit, soit 1,200 millions par jour. Si faible que puisse être la masse de ces corps qui viennent se désagréger dans notre atmosphère, leur nombre et la continuité de leur arrivée ne laissent pas que de permettre de supposer un joli apport par année.

D'autre part, l'étude des poussières terrestres amène à reconnaître aussi qu'elles sont en bon nombre d'origine cosmique. Cependant il ne faut pas trop se fier aux analyses.

On a souvent affirmé que la présence du nickel dans les poussières suffisait à démontrer leur origine cosmique; or, MM. Hartley et Ramage s'inscrivent contre cette opinion. Dans une récente communication à la Société royale de Londres, ils ont démontré que le nickel se rencontre dans la suie et que, par conséquent, disent-ils, les poussières contenant du nickel peuvent être d'origine terrestre.

Toutefois, notre scepticisme nous porte à trouver peu convaincantes les raisons données; si la suie contient du nickel, elle l'a trouvé dans les combustibles, et ceux-ci ont pu le recevoir dans les temps reculés sous forme de poussière cosmique. Mais la question ne sera pas éclaircie avant longtemps.

Ce qui reste certain, c'est que, par la terre et par le ciel, nous sommes couverts de poussières; la chose n'est pas bonne pour la santé, mais elle sera fort salutaire à un point de vue moral, si on pense quelquefois que parmi ces gênantes poussières se trouvent, au moins pour partie, celles de nos ascendants, et que les nôtres feront dans quelques années le désespoir de nos petits-neveux.

LA PHOTOTHÉRAPIE

La *photothérapie*, la cure par la lumière, est à la mode. Consacrons-lui quelques lignes.

On sait généralement que la lumière solaire est un agent puissant d'assainissement; mais ce que quelques-uns ignorent, c'est que des expériences, renouvelées de mille manières, ont démontré que ce sont surtout les rayons chimiques du spectre, violets et ultra-violets, qui ont une action spéciale sur la vitalité des tissus.

Finsen, un médecin danois, a mis en évidence cette action de la lumière sur les tissus vivants.

Il a observé que des embryons de salamandre, alors qu'ils n'ont point encore quitté l'œuf, ne se remuent en moyenne que quatre fois pendant quinze minutes sous l'influence de la lumière rouge, jaune et verte, tandis qu'ils se remuent cinquante-neuf fois en un quart d'heure sous l'influence des rayons chimiques (lumière bleue et violette), c'est-à-dire dix fois plus environ.

Si on place dans une boîte, couverte de verres de différentes couleurs, un certain nombre de lombrics, on les voit assez rapidement se mettre tous sous le verre rouge derrière lequel ils s'abritent, fuyant les rayons chimiques.

Les papillons préfèrent la lumière bleue. Exposés à cette lumière, ils ont des mouvements très vifs; placés dans la lumière rouge, ils restent immobiles.

Les accidents cutanés produits par les coups de soleil et ceux de même ordre qu'occasionnent les foyers électriques intenses sont déterminés uniquement par les rayons chimiques. Le fait a été démontré par Vidmark :

D'une puissante lampe à arc, il éliminait les rayons calorifiques au moyen d'une couche d'eau assez épaisse. Les effets produits sur la peau étaient analogues à ceux de la lumière solaire. Au moyen d'une épaisse plaque de verre il retenait ensuite les rayons ultra-violets; l'action de la lumière sur la peau était nulle.

Se basant sur ces constatations, Tixier eut l'idée de soustraire les varioleux à l'action des rayons chimiques. Il les fit vivre dans une pièce où ne pénétrait que de la lumière rouge et observa que la maladie évoluait d'une façon bénigne, et, en particulier, que les pustules de la face ne laissaient pas de cicatrices.

Des expériences de divers auteurs avaient aussi démontré que l'action bactéricide de la lumière était due aux radiations chimiques.

Il était donc assez rationnel d'essayer si cette action, si évidente pour les cultures de laboratoire, ne se produirait pas dans les infections microbiennes superficielles de nos tissus. Le *lupus,* par exemple, est une infection tuberculeuse dont la localisation la plus fréquente est le nez. Il est d'une ténacité désespérante, amenant des ulcérations persistantes et, à la longue, la perte plus ou moins complète de l'organe.

Pourquoi ne pas essayer le procédé de l'insolation? C'est ce que, après quelques essais incomplets d'autres auteurs, a recherché méthodiquement le médecin danois Finsen. Il se servit d'abord d'énormes lentilles de verre creuses, formées d'un verre plan et d'un verre convexe. Entre les deux verres on versait une solution de bleu de méthylène ou, de préférence, une solution ammoniacale de sulfate de cuivre. La lumière bleue ainsi obtenue ne renfermait plus de radiations caloriques et restait très active au point de vue microbicide, sans cependant être susceptible de déterminer des brûlures.

Après ses essais avec la lumière solaire, Finsen essaya de la remplacer par la lumière électrique et il obtint les meilleurs résultats. Ayant constaté que la lumière solaire concentrée de la lumière électrique tuait les microbes avec une rapidité quinze fois plus grande que la lumière ordinaire, il chercha les dispositifs les plus propres à instituer un traitement efficace. Nous ne saurions donner ici la description des appareils considérables qui ont été construits pour arriver au but; qu'il suffise d'indiquer un détail sans lequel tout traitement serait inefficace.

Bien que les tissus soient très perméables à la lumière, ils ne sont point cependant pénétrés par les rayons chimiques. Ainsi un morceau de papier photographique, placé derrière le lobule de l'oreille, se comporte comme s'il était resté dans l'obscurité, lorsqu'on fait tomber les rayons concentrés sur la face antérieure du lobule. Cette absence de pénétration est due au sang contenu dans les vaisseaux.

Il était donc indispensable, pour permettre aux rayons lumineux de pénétrer profondément dans l'intérieur des tissus, de produire une anémie momentanée des régions malades soumises aux rayons électriques. A cet effet, Finsen fit construire des lentilles creuses, contenant de l'eau distillée, et destinées à être fortement appliquées sur la peau pendant la durée des séances. La chaleur des rayons lumineux étant encore considérable, malgré la couche d'eau, pourrait déterminer de profondes brûlures; pour y remédier, les appareils compresseurs sont traversés par un courant d'eau toujours en mouvement; elle absorbe alors les derniers rayons calorifiques et refroidit la peau; les malades peuvent ainsi supporter sans douleur une lumière aussi concentrée que possible.

La méthode peut s'appliquer à diverses affections cutanées. Ses résultats ont surtout été remarquables pour le lupus. Les rayons lumineux sont dirigés à l'aide des appareils spéciaux sur une petite surface, une plaque de deux centimètres environ; la séance peut durer une heure un quart. Après la séance, il se produit généralement de petits accidents locaux, mais sans gravité, une petite exfoliation dermique. Au bout de huit à dix jours, on peut soumettre de nouveau la région à l'exposition aux rayons lumineux.

La durée du traitement peut être de quatre à cinq mois.

Malheureusement, les appareils de M. Finsen sont considérables et leur installation est très coûteuse. Deux médecins de Lyon, MM. Lortet et Genoud, ont cherché à simplifier ce matériel opératoire, de façon à ce qu'il puisse pénétrer dans le cabinet du médecin et ne plus être le privilège des grandes cliniques. Ils y sont parvenus par l'emploi approprié du condensateur à ballon employé dans le cinématographe Lumière.

Bien entendu, et suivant les cas, on emploie des rayons d'ordre différent, en modifiant la lumière par des écrans colorés. La photothérapie use donc d'une double méthode. Tantôt négative, elle est appliquée à soustraire le malade à l'action des rayons chimiques qu'on retient au moyen d'écrans rouges, c'est ainsi qu'on a traité les varioleux; tantôt positive et éliminant les rayons calorifiques; ces rayons sont absorbés au moyen du filtre-lumière contenant une solution d'un bleu foncé, ou, d'une façon plus générale, par une couche d'eau distillée sans cesse refroidie.

Le nouveau traitement est entré officiellement dans la thérapeutique, et aujourd'hui il est peu de personnes portées à nier les résultats qu'il peut donner; il a un double défaut cependant : il demande un temps très long et il est fort coûteux.

BEURRE LACTÉ, BEURRE MOUILLÉ

Excellentes ménagères, qui vous plaignez souvent du prix du beurre et qui surveillez d'un œil si attentif la pesée de votre marchand, savez-vous que l'on vous vend souvent à un prix excessif de 1 franc 50 à 2 francs la livre, jusqu'à un tiers de lait, et quelquefois, par suite d'un calcul fort intelligent, de l'eau bien pure?

Cette industrie a pris naissance en Angleterre, et c'est une initiative dont il faut lui laisser l'honneur.

Elle nous est révélée par un notable commerçant, M. P. Fortin.

Les journaux anglais, dit-il, n'ont plus assez de place depuis quelque temps pour raconter en détail le procès de « beurre lacté. »

Le beurre lacté est du beurre ordinaire auquel on incorpore 5, 10, 15, 20 et jusqu'à 30 % de lait. Le produit en apparence ne diffère en rien d'un beurre ordinaire. Si le lait est bien frais et si le beurre est vendu et consommé de suite, le goût en est agréable; mais naturellement c'est un beurre d'autant moins beurre, d'autant moins nutritif, qu'il contient plus de lait. De plus, cette manœuvre est essentiellement préjudiciable à la bourse du consommateur, qui entend acheter du beurre et non du beurre lacté.

Or, nous dit M. Fortin, ces manœuvres commencent également à s'introduire en France.

D'autres négociants, encore plus pratiques, remplacent le lait par l'eau. Ce n'est plus du beurre lacté, c'est du beurre mouillé. Le produit n'est pas aussi doux, n'a pas le même arome, mais, en revanche, il s'altère moins vite et répond tout à fait au goût de certains consommateurs de beurre neutre qui ne veulent pas du « goût de terroir, » comme ils désignent improprement les beurres d'arome naturel.

Le beurre lacté et le beurre mouillé peuvent-ils être dénommés « beurres? »

Tous les consommateurs s'empresseront de répondre non. Mais pour les protéger, il faut invoquer la loi de 1897 et alors on tombe dans les chinoiseries de la jurisprudence.

Si le marchand a ajouté de l'eau ou du lait à son beurre par des moyens appropriés, et qu'on le prouve, il sera condamné; mais s'il s'agit d'un beurre voisin, contenant encore plus d'eau ou de lait, il sera acquitté s'il démontre que le beurre agrémenté de cette humidité anormale, fût-elle de 40 %, est tel qu'on l'a recueilli au sortir de la baratte.

AMPÈRE (p. 64.)

Un jugement de la Cour d'appel de Paris a consacré cette jurisprudence. Or, comme il est très facile de régler le barattage de façon à produire un beurre contenant une excessive quantité d'eau, les consommateurs peuvent s'abstenir de toute réclamation et se préparer à payer l'eau au prix exhorbitant de 3 à 4 francs le kilo; il est vrai que pour ce prix on la leur livrera incorporée au beurre!

LE BOIS INCOMBUSTIBLE

Le procédé d'incombustibilité des bois, proposé par M. Albert Nodon, consiste à y faire pénétrer des sels ignifuges par l'électricité. Ces sels sont du sulfoborate d'ammoniaque dont on peut introduire dans le bois, par le courant électrique, des quantités considérables.

M. Nodon fait remarquer que 28 % est un maximum qu'il n'y a jamais lieu d'atteindre dans la pratique.

Une quantité de 12 %, particulièrement pour le traitement du hêtre, a été reconnue comme étant suffisante pour rendre ce bois *absolument* incombustible. Le poids du bois n'est alors augmenté que de 12 %, ce qui le rend moins dense que le bois vert après l'abatage.

La dureté du bois, tout en étant augmentée, n'en

rend pas le travail difficile, ainsi qu'ont pu le constater les personnes qui ont eu à le travailler.

Les essais ont donné des résultats remarquables.

Des portes ajustées, en hêtre, sapin et peuplier, de 18 millimètres d'épaisseur seulement, ont résisté, pendant une heure, à une température de 1150° C sans être attaquées par le feu, et il a fallu les défoncer, après les essais, pour éteindre le brasier. Les portes en tôle et en bois armé de tôle ont travaillé et se sont déformées, pendant les mêmes essais, alors que celles en bois *sénilisé* n'ont subi aucune déformation, et sont restées froides extérieurement.

Un chevron en hêtre sénilisé par l'électricité, d'après ces procédés, de 10 centimètres de côté et de 1 mètre de longueur, a résisté pendant une heure à une température de 1350° C, dans un second essai. Retiré du brasier après l'extinction de celui-ci, il fut trouvé intact sur une épaisseur de 7 centimètres.

Sur la demande du capitaine Cordier, des sapeurs-pompiers, un coffret en hêtre sénilisé, de 2 centimètres d'épaisseur, avait été placé au centre même du foyer de 1150° C, et ce coffret avait été rempli de brochures. Après une heure, le coffret fut retiré du brasier, il était carbonisé à l'extérieur sur une épaisseur de quelques millimètres; ouvert, on retrouva toutes les brochures intactes.

AIR LIQUIDE

La congélation de l'alcool est une preuve décisive du pouvoir hautement réfrigérant de l'air liquide. Quelques gouttes versées dans un verre contenant, par exemple, du whisky, amènent la congélation instantanée de ce liquide. Si, au contraire, on plonge dans le verre de whisky un tube renfermant de l'air liquide, le whisky forme immédiatement un bloc solide et compact, qui peut être facilement ôté du verre dont il gardera la forme.

Une des plus jolies expériences est la suivante : on place l'air liquide dans une coupe faite de whisky congelé. On met dans l'air liquide soit une plume d'acier, soit un ressort de montre muni d'un petit morceau de soufre, et l'on met le feu au soufre. L'acier brûle immédiatement en pétillant, et c'est un fort amusant contraste que celui de ce morceau de métal chauffé au rouge blanc dans ce liquide de 270° au-dessous de zéro sur un morceau d'alcool solide, il est difficile d'imaginer une réunion d'incompatibles plus complète.

On fait également bouillir une casserole pleine d'air liquide en la posant sur un morceau de glace. Si, par hasard, l'ébullition ne venait pas assez vite, il serait facile de l'accélérer en y ajoutant un morceau de glace : preuve irréfutable de cette vérité, à savoir qu'en réalité la glace est chaude.

POMPE A POISSONS

M. J. Mercier, de Saint-Aubin (Nord), signale un des plus curieux engins de pêche qu'il soit possible d'imaginer. Le système, quoique d'une extrême simplicité, semble appelé à faire révolution; c'est le hasard qui le lui a fait découvrir.

L'étang de la ferme de la Marlequette, bordé de talus escarpés en plein roc, n'avait jamais pu être vidé : on reculait devant la dépense.

L'an dernier, le fermier eut l'idée d'utiliser à cela une de ces puissantes pompes à vapeur qu'emploient les carriers pour combattre les inondations.

Chaque coup de piston aspire un hectolitre d'eau, l'étang fut donc vidé en quelques heures, et non seulement vidé d'eau, mais aussi de tous les poissons qu'il contenait.

Ce fut une révélation : Tous les propriétaires d'étangs de la région ont de suite adopté le système, et l'un des maîtres de carrière s'en est fait une spécialité. Il loue l'une de ses pompes, modifiée *ad hoc*, que les paysans wallons appellent : *l' pompe à pichons*.

Le tube aspirateur est devenu un gigantesque entonnoir retourné : chaque coup amène un torrent où se débattent poissons et écrevisses parmi les immondices et détritus inévitables à tout étang (vieilles boîtes à sardines, casseroles, etc.).

Une sorte de panier métallique reçoit le tout. L'eau et la vase s'échappent, tandis qu'un gamin recueille les poissons et les range par espèces et par poids.

Dernièrement, en dix heures, on a pêché un étang de six hectares, pour une dépense de trente-six francs.

Le procédé est curieux et admirable, surtout pour arriver, probablement, à la parfaite destruction du poisson.

CRAVATE D'HIVER PERFECTIONNÉE

Tout le monde connaît aujourd'hui la *fourrure du pauvre*, la feuille de papier, le vieux journal employé comme doublure des vêtements ou des garnitures de lit et qui conserve la chaleur de ceux qui en usent, aussi sûrement que les meilleures fourrures.

On signale son application pour garantir le cou et éviter les maux de gorge.

« Les cache-nez sont trop chauds et amènent très facilement la *transpiration* ou du moins provoquent une *moiteur* toujours préjudiciable à la santé.

» Le foulard est mou, mais on peut le rendre plus *raide* en y introduisant un *morceau de journal.* Si le vent est violent, vous disposez votre foulard en mettant la partie la plus large sous le menton, puis vous en croisez les bouts derrière le cou, ensuite vous faites un nœud sur le devant, à l'instar des cravates de 1830.

» Voilà le moyen d'éviter les maux de gorge. Il ne coûte rien d'en faire l'essai. »

CURIEUSE EXPÉRIENCE DE BALISTIQUE

M. Edward Hayle a expérimenté un curieux procédé pour imprimer à un projectile une vitesse énorme. Il s'est servi, à cet effet, d'un tube d'environ 1 mètre 50 de longueur, représentant un canon et disposé comme suit : du côté de la culasse se trouve une chambre à poudre; après vient le canon proprement dit, de 51 millimètres de diamètre; puis une partie rétrécie à 12^{mm}5 sur 0 mètre 48 de longueur. Après la cartouche de poudre, le tube est rempli d'eau et le projectile est placé dessus, à l'entrée de la partie rétrécie; il a donc 12mm5 de diamètre et son épaisseur est de 6 millimètres. Il pèse environ 5 grammes.

Les choses ainsi disposées, si on met le feu à la poudre, l'explosion refoule l'eau qui agit sur le projectile et chasse celui-ci à une vitesse qui est à celle de l'eau à raison inverse du carré des diamètres, soit 16 à 1. En fait, le projectile traverse une plaque de tôle de 10 millimètres d'épaisseur placée à 2 mètres 40. On obtient, d'après ces données, une vitesse de 4,500 mètres par seconde.

On peut opérer en remplaçant l'eau par une matière pulvérulente; ainsi l'auteur s'est servi de céruse. La charge consistait en 180 grammes de grosse poudre de chasse; elle devait donner à la céruse une vitesse d'environ 280 millimètres à la seconde qui, multipliée par le rapport des sections, arriverait à 4,500 mètres pour le projectile. Il semble même qu'on pourrait se passer de poudre, et qu'un homme vigoureux, maniant un marteau de 6 kilog. 5, pourrait imprimer, à une balle Lee Metford, une vitesse initiale de 1,800 mètres par seconde. Sans suivre l'auteur dans les considérations qu'il émet relativement à une réforme complète de l'artillerie, basée sur ces faits, il nous a paru intéressant de les relater sommairement.

POURQUOI LE SOLEIL ET LA LUNE NOUS PARAISSENT-ILS PLUS GROS A L'HORIZON QU'AU ZÉNITH?

Telle est la question qui fait travailler l'imagination des hommes depuis un temps immémorial. Nous ne parlons pas ici de ceux qui sont convaincus que ces astres paraissent plus larges à leur lever et à leur coucher parce qu'ils sont réellement plus gros à ce moment-là; s'ils se donnaient la peine de mesurer avec un instrument précis l'angle visuel sous-tendu par le diamètre en une position quelconque, ils verraient qu'il ne varie pas du tout; mais sans instrument ils pourraient s'en convaincre par un simple raisonnement : quand le soleil se couche pour nous, il est au méridien pour d'autres, voire même au zénith pour quelques-uns, et à ceux-là il paraît naturellement de la dimension que nous lui donnons quand il passe sur nos têtes.

Les savants convaincus de l'invariabilité des diamètres des astres, au moins dans une journée, ont cherché la cause de l'illusion que nous subissons. Les noms de ceux qui ont tenté une explication forment une liste qui remplirait les pages de ce volume; quant aux explications elles-mêmes, toutes ont trouvé des contradicteurs assez bien armés pour que les auteurs aient rarement insisté.

Aujourd'hui, un astronome chrétien, M. l'abbé Moreux, un familier du soleil auquel il a consacré un livre très réputé, entre dans la lice et offre une explication à son tour. Sa théorie est nouvelle; elle n'a pas encore soulevé d'objections, ce qui ne veut pas dire qu'elle n'en soulèvera pas : les savants sont en vacances, et en général ils ne sévissent qu'une fois réinstallés dans leur cabinet de travail.

Après avoir examiné les différentes hypothèses proposées, et en avoir montré les points faibles, M. l'abbé Moreux cherche la solution du problème dans une théorie purement psychologique du phémène. Nous lui laissons la parole :

« 1° Il est incontestable qu'un même objet paraît d'autant plus grand que nous le projetons sur un fond plus éloigné. Exemple : le soir, regardez le fil incandescent d'une lampe électrique, puis, brusquement, portez les yeux sur un fond éloigné : l'image négative de la lampe pourra occuper toute la façade d'une maison.

» 2° En outre, il est non moins certain que la voûte du ciel ne nous paraît pas hémisphérique, mais *surbaissée*. Un même astre sera jugé par nous à des distances différentes : plus éloigné à l'horizon, il devra nous paraître plus gros qu'au zénith, son diamètre apparent n'ayant pas changé.

» L'illusion provient uniquement de cette cause :

je vais en faire la preuve expérimentale, tout le monde pourra la répéter.

» Regardez le soleil au moment où il est très bas à l'horizon, puis fixez un point quelconque en un autre endroit de l'horizon, vous aurez ce que les physiologistes appellent des images consécutives. Si vous avez soin surtout de fermer et d'ouvrir très rapidement les paupières afin de faire entrer un peu de lumière dans votre œil, vous verrez partout un ou plusieurs disques solaires de la même grosseur que celui que vous avez regardé, la couleur seule aura changé. Elle est habituellement complémentaire de la couleur réelle, presque toujours verte, le soleil couchant étant rouge plus ou moins foncé. Avant que ces images consécutives n'aient disparu, inclinez la tête en arrière de façon à projeter l'image du disque sur tous les points compris entre l'horizon et le zénith; vous serez frappé de voir le cercle lumineux diminuer de diamètre : vers le zénith il aura exactement la grosseur du soleil, lorsqu'il occupe la même place dans le ciel.

» Nous approchons évidemment de la solution du problème. Cependant, nous n'y sommes pas encore. Les astres nous paraissent plus gros à l'horizon qu'au zénith, parce que la voûte du ciel nous paraît surbaissée.

» Très bien, voilà un premier pas. — Mais pourquoi la voûte du ciel nous paraît-elle surbaissée? Allons même plus loin : Pourquoi le ciel, l'espace qui est au-dessus de nos têtes, prend-il l'apparence d'une voûte ?

» Si l'on y réfléchit un instant, il serait difficile qu'une autre forme convînt aux apparences que nous voyons. La terre nous paraît toujours plate et les formations nuageuses passant au-dessus de nos têtes, emportées par le vent, semblent, quelques heures plus tard, toucher l'horizon. Il en est de même des étoiles.

» Le mouvement du soleil et de la lune contribue beaucoup à nous entretenir dans cette erreur. A la distance où nous sommes des étoiles, tous les astres se projettent sur le même fond que nous nous plaisons à imaginer. Le ciel, que nous ayons fait des études en astronomie ou que nous soyons ignorants, tourne tout d'une pièce. La sphère convient seule à ce mouvement. Dans la journée, les nuages que nous jugeons peu éloignés sont disposés véritablement en forme de voûte. Le soir, si quelques nuages subsistent, nous voyons clairement les étoiles situées par derrière, mais nous n'avons aucune raison — puisque leur distance nous est inconnue — de ne pas les disposer parallèlement à la couche nuageuse bien qu'ils soient placés fort au-dessus d'elle. Lorsque, pendant le jour, l'atmosphère est limpide et sans nuages, nous conservons la voûte du ciel qui recevra, la nuit venue, toutes les étoiles visibles. Il y a donc là une illusion d'ordre purement psychologique très explicable.

» En somme, la voûte céleste doit avoir la même forme que la voûte nuageuse, car nous n'avons *aucune raison* de l'imaginer autrement. Ceci posé, nous pouvons remarquer que cette voûte nuageuse disposée parallèlement à la surface terrestre, qui est sphérique en réalité, est plus près, au zénith, de l'observateur qu'à l'horizon. Elle est donc réellement surbaissée. La voûte du ciel épousera la même forme. Elle en aura les mêmes qualités, nous la supposerons donc forcément surbaissée.

» Tout s'explique maintenant, et les astres nous paraîtront plus éloignés à l'horizon qu'au zénith. Leur diamètre apparent ne changeant pas pour notre œil dans le mouvement diurne, nous serons amenés instinctivement à leur donner une grosseur différente, plus petite à mesure qu'ils s'élèvent, puisqu'ils se rapprochent de nous. »

La théorie de M. l'abbé Moreux nous paraît de nature à satisfaire les plus exigeants. Qu'en pensent nos lecteurs?

LES TAMBOURS EN ALUMINIUM

Sonnez clairons; battez, tambours! s'écrie M. F. Laur dans *l'Aluminium.*

La gloire arrive pour notre beau métal français.

Il avait eu l'honneur, de par l'initiative du Ministre de la Guerre, d'entrer dans l'armée sous forme de gamelles, de quarts et de boutons; le voilà qui va prendre la tête du régiment en marche.

On a annoncé, en effet, il y a quelque temps, la mise en essai dans divers régiments d'infanterie de 96 tambours en aluminium. On a pu se rendre compte du joli aspect que ces instruments présentent ainsi que de leur sonorité.

Les rapports sur l'expérimentation de tambours en aluminium qui ont été transmis au Ministre, sont unanimes à reconnaître la supériorité de la caisse en aluminium sur celle en cuivre : sans lui être inférieure au point de vue de la sonorité et de la solidité, elle possède l'avantage d'être beaucoup plus légère.

Entre les deux modèles d'instruments, il y a une différence de poids de près de deux kilogrammes; c'est sensible. En attendant la décision définitive, la fabrication et l'achat des tambours à fût en cuivre sont suspendus.

Des instructions spéciales sont données pour le nettoyage de ces nouvelles caisses, l'aluminium ayant ses susceptibilités et redoutant les cristaux des ménagères, les savons alcalins.

L'ÉCLAIRAGE DES CHUTES DU NIAGARA

Les chutes du Rhin, à Schaffhouse, ou plus exactement à Newhausen, sont déjà, depuis plusieurs années, illuminées chaque soir, pendant la belle saison, à l'aide de projecteurs munis de verres colorés ; le spectacle dure seulement quelques minutes, et pourtant les clients des hôtels avoisinants s'en souviennent toute leur vie, non à cause de la beauté de la scène, mais surtout parce qu'ils trouvent au départ leur note singulièrement enflée à l'aide de cette mention spéciale : *Illumination des chutes!...*

Les revues américaines nous annoncent que des essais viennent d'être faits à Niagara-Falls, en vue de distraire les voyageurs de la ligne qui traversent les chutes sur le pont jeté en aval. Un seul projecteur électrique de grande intensité lumineuse fait étinceler la gigantesque nappe d'eau et a permis d'obtenir des effets merveilleux et à peu de frais, puisque les chutes elles-mêmes fournissent l'énergie nécessaire.

En conséquence, c'est chose décidée, et, dès la tombée de la nuit, les cataractes seront illuminées *a giorno* pendant toute la durée des passages de trains, et cela sans que les billets en soient augmentés d'un demi-cent. Avantage inappréciable.

LE TÉLÉPHONOGRAPHE

Cette invention d'une toute nouvelle application ne nous vient pas d'Amérique, comme on pourrait le croire; c'est en Europe, en Autriche, à Vienne qu'elle fonctionne. Dans la gare principale, on a placé un de ces appareils qui n'est, somme toute, qu'un phonographe perfectionné parlant haut et au loin, et mû par l'électricité. Le téléphonographe remplace l'employé qui était chargé de crier les trains, d'indiquer la voie sur laquelle ils étaient garés, attendant les voyageurs.

Cette fonction était très fatigante pour la voix de l'employé ; maintenant, il n'a plus qu'à pousser sur un bouton, ce qui déclanche l'appareil, et aussitôt une formidable voix de stentor crie, sans jamais s'époumonner, la voie où se trouve le train en partance et sa destination. C'est là une excellente innovation; espérons que, de l'Autriche, elle sera bientôt importée dans les autres pays d'Europe.

LES PETITES INVENTIONS

Ce sont souvent les petites découvertes, dues parfois au hasard, qui enrichissent leurs inventeurs.

VIENNE (p. 112.)

M. E. Lacordaire cite, de ce fait, de curieux exemples. Il est vrai que cela se passe en Amérique, pays où l'on ne prend pas à tâche, comme dans certains qu'on pourrait nommer, de décourager l'initiative privée en se moquant des inventeurs.

C'est un paysan de l'État du Maine, désolé de l'effrayante consommation de souliers que faisaient ses cinq garçons, en butant du pied sur les pavés, qui imagina de faire revêtir leurs chaussures de bouts en cuivre. Il s'en trouva bien, prit un brevet, et gagna un demi million de dollars.

C'est en regardant sa petite fille malade, qui jouait avec des débris de bois hors d'usage, que Crandrall, dont le nom est populaire aux États-Unis, eut l'idée de fabriquer des jeux de cubes de bois qui, sous divers noms : boîtes d'alphabet, boîtes de métamorphoses, etc., ont fait le tour du monde et rapporté des sommes énormes à leurs inventeurs.

L'inventeur de la balle à corde élastique retenue par un anneau laquelle se vendait *un sou,* a réalisé, en une année, une fortune colossale.

On a gagné des millions de dollars avec ces petits ressorts en bronze servant de pince-serre-papier.

Fréquemment, du reste, il n'y a pas besoin d'inventer, il suffit de retrouver.

L'épingle de sûreté, partout employée aujourd'hui, était connue des Romains bien avant notre ère; un Américain s'en est souvenu et a gagné 500,000 dollars.

Un autre a remplacé les baleines de corsets par des plumes de dindon et de poulet ; son brevet lui a été acheté aussitôt pour la somme de 150,000 francs.

LES PONTS GÉANTS

M. Max de Nansouty vient de publier une très intéressante étude sur les ponts géants. Nous allons la résumer.

On se souvient du bruit que fit, en 1895, dans le monde des sciences métallurgiques, le célèbre viaduc de Garabit, qui, près de Saint-Flour, traverse la vallée de la Truyère, 122 mètres de hauteur ! 165 mètres de portée ! Pour un pont d'acier en arc, c'était joli ! mais dans cet âge du fer, six ans valent un siècle. Ce pont-là est passé au rang d'aïeul. On fait mieux, on fait plus grand. Même en France, Garabit va se trouver distancé. On construit en effet actuellement, sur la ligne de Rodez à Carmaux, un viaduc sur le Viaur, qui sera composé d'un arc prodigieux : une seule arche de 220 mètres s'élèvera à 112 mètres de hauteur au-dessus de la gorge que suit le ruisseau.

« Les ingénieurs, dit M. Max de Nansouty, n'ont pas manqué de se préoccuper des inconvénients qu'il y aurait à ce que ce pont du Viaur vint à casser au passage d'un train. Alors, pour ne pas avoir de surprise, ils ont employé le bon moyen : ils l'ont cassé d'avance à la clé, et aux deux retombées de l'arc sur ce qui lui sert de culée. Quand nous disons « cassé, » c'est une façon de parler pour rassurer les gens : dans la réalité, on l'a articulé sur de grosses rotules comme celles que tout le monde connaît bien de la grande galerie des Machines au Champ de Mars. Avec cette disposition, le pont peut jouer dans tous les sens sous l'influence de la température ou de ce qui chargera son tablier; mais on est certain qu'il ne jouera aucun tour à ses constructeurs. »

Le record du monde pour les ponts, record du reste très laid, c'est le pont du Forth, près d'Édimbourg. Sa portée est de 521 m. 20. Il est l'œuvre de deux ingénieurs anglais très éminents, mais c'est un Français, M. L. Coiseau, de la Société des Ingénieurs civils, auquel on a dû recourir pour assurer l'assise des piles dans le Firth of Forth au moyen d'énormes caissons à air comprimé.

Un pont bien curieux, c'est celui de Cernawoda, en Roumanie. Il fait franchir le Danube à la ligne de Fenesti à Cernawoda. La plus grande travée a une portée de 190 mètres, et le tablier n'est élevé que de 30 mètres au-dessus du niveau des plus hautes eaux.

Si nous passons dans l'autre monde, le Nouveau, nous ne pouvons manquer d'y trouver quelques prouesses des ingénieurs américains. C'est ainsi que, tout près des chutes du Niagara, nous voyons un pont en arc, d'une portée de 256 mètres, enjamber le fleuve à une hauteur de 57 mètres. Ses performances le rapprochent de celui de Garabit : il date de la même époque, ayant été construit de 1895 à 1898. La difficulté de sa construction a été d'y réussir sans essayer de planter des échafaudages dans le lit du fleuve, dont l'impétuosité ne l'eût pas permis. L'ingénieur, M. Buck, utilisa, pour y suppléer, un vieux pont suspendu qui existait là auparavant, et qui fut démoli ensuite. Le nouveau pont donne passage à deux voies de chemin de fer électrique et à une double chaussée bordée de trottoirs.

Le viaduc de Poughkeepsie, sur l'Hudson-River, aux États-Unis, présente une belle charpente géométrique d'une portée de 161 m. 50 et d'une hauteur libre au-dessus de l'eau de 62 m. 70. C'est presque la hauteur voulue pour faire passer dessous, en bateau, Notre-Dame-de-Paris qui a 66 mètres.

Près de Bellefontaine, un autre pont monumental, de style trapézoïdal, traverse le Missouri à une hauteur de 30 mètres par une travée de 134 mètres de portée. La difficulté de montage de ce genre de colosse est moins grande : on construit les piles en rivière et les travées sur la rive en amont. Chacune d'elles est embarquée sur un ponton en charpente qui la conduit tout doucement sur les piles.

On éprouve une impression autrement artistique

en Allemagne avec le pont en arc qui franchit le Nord-Ostsee Canal, près de Levensau, sur la ligne de Kiel à Eckernfœrd, avec 156 m. 50 de portée et 42 mètres de hauteur. Son arc supporte un tablier métallique en poutres droites allant de l'une à l'autre Des têtes de pont moyenageuses encadrent l'ouvrage à ses deux extrémités et lui donnent une apparence architecturale.

Ce sont certes là de beaux spécimens, auxquels on ne s'en tiendra certainement pas. Voilà qu'entre New-York et New-Jersey on projette déjà un pont monstre qui aurait 701 et 870 mètres de portée.

« Ces tours de force techniques très coûteux, conclut M. de Nansouty, n'auront guère raison d'être ailleurs qu'à New-York, à moins que l'on ne se décide, un jour ou l'autre, à exécuter le fameux pont sur la Manche, en attendant que l'on en construise un à travers l'Océan. Malgré l'audace et le talent des ingénieurs, il ne paraît pas que l'on puisse entrevoir ces étonnants travaux à brève échéance. »

LES EAUX BLEUES

Il y a un an ou deux, M. W. Spring donnait une étude fort intéressante sur la couleur des eaux.

Après avoir examiné plusieurs théories, l'auteur admettait que la couleur bleue était bien celle de l'eau distillée, chimiquement pure, et répétait l'hypothèse de l'existence de particules répandues en grand nombre et suffisamment petites pour ne point réfléchir les radiations rouges, jaunes..., etc., mais toutefois de dimensions supérieures à celles correspondantes aux radiations vertes, bleues, violettes.

On a voulu parfois expliquer la couleur de l'eau par des phénomènes de polarisation analogues à ceux qui provoquent la teinte bleue du ciel; quoi qu'il en soit, la couleur de l'eau est le bleu, de même que la couleur du ciel est le bleu, mais l'eau est un corps bien défini qu'il est possible d'obtenir à l'état de pureté, tandis que l'air est un mélange d'éléments bien différents et contient des quantités très faibles mais appréciables d'ozone, gaz bleu. Les proportions d'ozone augmentent certainement avec la hauteur, et si l'air paraît moins bleu lorsqu'il soutient des cirrus, c'est peut-être par suite de la dissolution de l'ozone dans la vapeur d'eau et de sa décomposition.

Néanmoins, sans émettre encore de nouvelles hypothèses et en tenant pour exactes toutes les expériences tentées pour déterminer la couleur de l'air et celle de l'eau et pour mesurer la quantité de lumière polarisée, soit par réflexion sur ce liquide, soit par réfraction, on doit constater que la nature offre très peu d'exemples d'*eaux bleues* vues sous une faible épaisseur.

La Méditerranée est bleue, dira-t-on ; c'est incontestable, mais elle n'est pas transparente, et peut-être la couleur bleue provient-elle en partie de la réflexion du ciel. Tous les marins peuvent assurer que la teinte est moins intense lorsque le ciel est nuageux; nous la verrons enfin jaune ou verdâtre par les gros temps. Le lac de Genève est bleu, mais cette couleur n'est pas franche, elle tire un peu sur le vert par suite des masses jaunâtres ou marron des eaux limoneuses.

Il existe cependant des eaux d'un bleu remarquable, bleues comme le sulfate de cuivre et transparentes comme le cristal le plus pur. M. Gérald en rencontrait au cours d'une excursion. Elles constituent presque entièrement un tout petit bassin naturel (25 à 30 ares peut-être), situé à Tavers, près de Beaugency, dans le Loiret.

L'eau de Tavers est pure, sa saveur est excellente, sa température est très au-dessous de la moyenne; le fond du bassin ne contient pas de pierres bleues, mais seulement quelques algues.

Le phénomène est connu des habitants des communes avoisinantes et même signalé par les pancartes du Touring-Club, il serait intéressant de savoir si quelques érudits nous ont déjà donné une explication de ces eaux bleues, si tout au moins de curieuses hypothèses ont été formulées, tendant à l'explication de cette anomalie.

Peut-être existe-t-il en France d'autres exemples

de ces eaux si parfaitement bleues; il serait intéressant de les signaler.

Naguère, dans une étude, peut-être un peu paradoxale, un auteur, dont le nom nous échappe, divisait toutes les eaux du globe en eaux bleues et en eaux vertes. Suivant lui l'eau bleue était l'eau primitive, l'eau pure; elle devenait verte dès qu'elle avait été souillée par un fait quelconque, usage par l'homme, industrie, décomposition de produits organiques. Il ajoutait que toute eau bleue devenue verte ne pouvait jamais retourner à sa couleur primitive. A ce compte, il y a longtemps que les eaux bleues auraient disparu, et les bassins comme celui de Tavers ne se rencontreraient que dans les jardins enchantés habités par les fées.

MANGEONS DU SUCRE

Le sucre est un aliment admirable, et sans aucun doute on en consommerait beaucoup plus en France, au grand bénéfice de la population en général et des agriculteurs en particulier, s'il était d'un prix plus abordable.

La crise sucrière qui sévit sur la culture du nord de la France a inspiré à ce sujet une intéressante communication de M. Landureau, à la Société d'agriculture.

Aujourd'hui, nous produisons un million de tonnes de sucre; nous en exportons 400,000. L'Allemagne, l'Autriche augmentent aussi chaque année leur production et augmentent leur stock pour l'étranger. Cuba se prépare à approvisionner le marché américain.

L'Angleterre restera seule ouverte aux exportations des sucres français, allemands, autrichiens. Les Anglais bénéficient de nos primes; ils payent le sucre 0 fr. 30 le kilo; aussi ils emploient pour leur alimentation de grandes quantités de sucre, en moyenne trois fois plus que nous, soit avec le thé, les gâteaux, les compotes, les confitures, les puddings, etc.

Le prix du sucre en France fait que nous en consommons peu.

Nous le payons 1 fr. 15 le kilo, et cela parce que, sur une matière qui vaut 28 francs les 100 kilos, nous avons un droit de 64 francs!

Qu'on supprime l'impôt, et l'on verra aussitôt le sucre entrer dans la consommation de tous les ménages.

Mais l'impôt supprimé, comment le remplacer, comment trouver les 180 millions de francs que donne le sucre?

Ce qui augmente la difficulté, c'est qu'en France on ne connaît pas assez les bons effets du sucre dans l'alimentation. C'est une matière hydrocarbonée des plus assimilables pour réparer toute dépression musculaire. Il donne une résistance très grande aux marches forcées, aux ascensions pénibles.

Après plusieurs auteurs, M. Ladurau propose des expériences sur l'emploi du sucre dans les armées de terre et de mer.

On pourrait donner par homme 60 grammes de sucre par jour qui remplaceraient 60 grammes de pain. Cette substitution ne coûterait rien au Trésor.

M. Chauveau a, le premier, mis en lumière le rôle du sucre comme matière alimentaire; malheureusement, ses communications aux assemblées savantes n'ont pas atteint les masses; on y cherche trop souvent un surcroît d'énergie dans les alcools, qui ne sauraient le donner, quand on le trouverait, pour la même dépense et sous une forme hygiénique, dans l'emploi du sucre.

UN MODE DE MISE EN PLACE DES PIEUX ET DES POTEAUX

En Amérique, on emploie pour la mise en place des poteaux télégraphiques, et aussi pour l'enfoncement des pilots, un système fort économique, fort rapide, et peu pénible pour les ouvriers. La couche superficielle du terrain, gazon ou empierrement, étant enlevée, on place dans la petite cavité le pied du poteau tenu verticalement, puis avec la lance d'une pompe, on projette de l'eau sous pression dans la cavité. Le terrain se désagrège et le poteau descend; quand il est à la profondeur voulue, on cesse l'opération, et c'est tout; le vide du trou se comble de lui-même en quelques heures. A moins que le fond ne soit très dur, quelques minutes suffisent à la pose d'un poteau télégraphique. Comme une pompe à main suffit à fournir la pression nécessaire, à défaut des conduites de ville, nous avons voulu signaler le procédé qui pourra servir à plus d'un propriétaire pour l'établissement de ses clôtures.

LA LOCOMOTIVE THUILE

Il nous paraît intéressant de donner quelques-uns des éléments essentiels de la locomotive qui a été si remarquée au pavillon du Creuzot, à l'Exposition de 1900.

Cette locomotive étudiée par M. Thuile, répond au programme suivant : Remorquer un train de luxe de 180 à 200 tonnes à la vitesse de 120 kilomètres. Elle est à deux essieux coupés au milieu,

portant le corps de la chaudière, un bogie à deux essieux à l'avant portant le moteur et un bogie à trois essieux à l'arrière portant le foyer. La chaudière a une section en forme de poire, la surface de grille est de 4 mq. 58 et la surface de chauffe totale de 297 mq. 70; cette chaudière mesure 8 m. 70 de long sur 1 m. 23 de diamètre moyen en corps, elle renferme 183 tubes et est pourvue d'un foyer Belpaire. La capacité d'eau est de 7 mc. 350 et celle de vapeur 2 mq. 700; la vapeur est fournie à 15 kilos.

La distribution de vapeur est du type Watschaert; les cylindres ont 0 m. 510 de diamètre avec course de 0 m. 700; la puissance est de 1,800 à 2,000 chevaux-vapeur indiqués.

Le diamètre des roues centrales est de 2 m. 50 et celui des roues des bogies de 1 m. 06. La longueur totale de la machine est de 14 mètres et la hauteur du tunnel de la cheminée au-dessus du rail est de 4 m. 22, la cheminée est très courte et ne dépasse guère le dôme de prise de vapeur. A vide, la machine pèse 72 tonnes; en ordre de marche, elle pèse 80 t. 6.

Le tender, monté sur deux bogies à deux essieux avec roues de 1 m. 06, porte 28 mètres cubes d'eau et 7 tonnes de charbon et pèse, en ordre de marche, 59 tonnes.

Le mécanisme placé à l'avant de la locomotive communique avec les chauffeurs, qui se trouvent à l'arrière, par des sonneries et un tube acoustique.

LE DANGER DU VOISINAGE DES TRAINS RAPIDES

Il est des personnes, avides d'émotions, qui se plaisent à s'établir aussi près que possible de la voie sur laquelle va passer un train rapide pour se donner le frissonnement que l'on éprouve près d'un mobile lancé à grande vitesse.

Il est bon qu'elles sachent qu'elles s'exposent à des dangers de diverses sortes.

Nous ne citerons que pour mémoire, les chances que l'on a de recevoir les bouteilles, animées de la vitesse du train, que des voyageurs peu charitables se plaisent à jeter négligemment par les portières.

Il en est d'autres qui tiennent à la marche normale du chemin de fer.

On sait qu'un train rapide entraîne l'air sur son passage et y forme des tourbillons; on voit très souvent les légers objets déposés sur les quais, même des valises, déplacés et roulés par la succion qui se produit. Les employés des chemins de fer connaissent bien ces effets, et au moment du passage d'un rapide sans arrêt, ils font éloigner du bord du quai les imprudents qui éprouvent le besoin de se voir enveloppés par la poussière soulevée par les wagons.

Ces employés ont cent fois raison.

Il y a quelque temps, sur une grande ligne d'Amérique, un enfant, s'étant tenu trop près de la voie au moment du passage d'un train, fut entraîné, tomba sous les roues des dernières voitures et fut tué. La Cour suprême du Missouri ne voulut pas admettre que l'entraînement par l'air déplacé pût être la cause de l'accident, et cependant, le corps de la victime n'ayant aucune lésion dans ses parties supérieures, il semblait évident qu'il n'avait pas été atteint directement par la locomotive. La Compagnie intéressée réclama une enquête scientifique; elle fut faite par M. E. Nipher, et pour la première fois on a des données exactes sur les effets qui se produisent dans ces circonstances. Disons de suite que les recherches du professeur Nipher, qu'il a soumises à l'Académie des sciences de Saint-Louis sous forme d'un mémoire accompagné de diagrammes, justifient complètement l'opinion des professionnels des chemins de fer.

Les expériences furent faites sur des trains marchant en moyenne à la vitesse de 65 kilomètres à l'heure et dans un wagon spécialement aménagé à cet effet. La pression exercée dans un disque en forme de coupe exposé à l'extérieur, à des distances variables, était constatée par des enregistreurs placés à l'intérieur du wagon; à la vitesse indiquée elle atteignait de 1 gr., 5 à 3 grammes par centimètre carré à des distances de la paroi du wagon variant de 0 à 75 centimètres.

Comme la résistance eût été certainement plus élevée de 50 %, si au lieu d'une coupe on avait

HARFLEUR (p. 133.)

employé une surface plane, on peut conclure que sur le corps d'un homme, représentant nombre de centimètres de surface, l'effet peut être assez puissant pour renverser une personne non prévenue, surtout une femme ou un enfant.

Le passage d'un train rapide offre un autre danger pour le voisinage, et dans une zone beaucoup plus étendue que celle où se produit l'entraînement de l'air.

On peut remarquer, aux points où les trains rapides passent à toute vitesse, sur les murs des bâtiments des petites stations, sur ceux des maisons des gardes-barrière, des marques absolument analogues à celles qu'y aurait laissées la balle lancée par un fusil. Quelquefois, les vitrages des abris des stations, en verre très fort, sont percés du petit trou rond caractéristique de l'effet produit par un projectile lancé avec une grande vitesse.

Ces marques, ces trous, sont produits par de petits cailloux du ballast lancés par le train et qui mitraillent les abords de sa route.

Le mécanisme de ce bombardement est assez curieux.

Les cailloux du ballast, soulevés par la trépidation et entraînés par l'air, courent sur la voie ; tout le monde a vu cela se produire à l'arrivée des trains rapides. Les voitures passées, l'effet cesse, les cailloux reprennent leur immobilité. Mais quelques-uns, dans ce mouvement, ont été se loger dans l'intérieur des jantes des roues ; ils tournent avec elles, font une ou plusieurs révolutions, prennent la même vitesse tangentielle, puis, arrivés au bord des jantes, ils s'échappent comme la pierre lancée par une fronde très puissante. Telle est, au surplus, l'origine des chocs que l'on entend continuellement sous le plancher des wagons, au cours des voyages.

Les planchers étant épais, le fait n'a pas grand inconvénient. Mais le spectateur placé sur les côtés de la voie peut être ainsi cruellement blessé, et il y en a des exemples.

Quels que soient les dangers auxquels on s'expose en prenant les trains trop rapides, se rappeler que, parmi ceux qui les approchent, les plus exposés ne sont pas les personnes qui prennent place dans les wagons.

LA RESPONSABILITÉ DES MÉDECINS

Quelques médecins, couverts par leurs diplômes, en prennent un peu à leur aise avec leurs malades ; mais voici que cette gent irritable se révolte et a la prétention de faire payer leurs erreurs en bonnes espèces, aux lauréats de la Faculté. Les exemples s'en multiplient tous les jours et menacent de ruiner une carrière qui, jusqu'à présent, laissait toute quiétude à ceux qui l'exercent.

Récemment les tribunaux de Londres ont encore

été saisis d'un litige entre malade et médecin, et ce pour un cas peu ordinaire.

Une dame réclamait à un institut médical, l'*Electro thermic generator*, 10,000 livres (25,000 francs) de dommages et intérêts pour blessures que lui avait causées la négligence des employés chargés de lui donner des bains thermo-électriques ; ce traitement consiste dans l'application d'une chaleur intense sur diverses parties du corps, qui est enveloppé pour cela dans une sorte de cylindre. La chaleur développée par l'énergie électrique atteint quelquefois, dans ce cas, de 148° C à 204° C.

La plaignante se faisait traiter pour une maladie de la colonne vertébrale. Elle alléguait qu'elle n'avait pas été soignée convenablement, et que, par l'absence de certaines précautions, elle avait été très fortement brûlée. Après avoir entendu bon nombre de témoins et de médecins, le jury donna raison à la malade ; mais, imbu encore d'idées arriérées sur l'omnipotence médicale, il lui alloua simplement un farthing (2,5 centimes), soit le millionième de l'indemnité réclamée !

Les chiffres ne sont rien ; le principe est établi, et les médecins feront bien de veiller sur leurs prescriptions et sur ceux qui sont chargés de les appliquer... en Angleterre.

LA PROPAGATION DES ONDES SONORES

Un journal politique a publié l'information suivante :

« Nous avons dit que le *Fatum*, monté par MM. Santos-Dumont et Emmanuel Aimé, était parti du parc de l'Aéro-Club pour faire des expériences d'équilibres aérostatiques.

» Ce ballon a reçu, en passant au-dessus du camp de Satory, une salve d'artillerie à 1,000 mètres d'altitude.

» Les coups de canon ébranlaient le système aérien, et, chose curieuse, étaient perçus par le toucher bien avant d'impressionner l'oreille.

» Le stabilisateur essayé, un cylindre de coton blanc et noir de 45 mètres cubes, chauffé par le soleil, a fonctionné à souhait jusqu'au moment où les tourbillons orageux ont forcé les aéronautes à jeter l'appareil, un peu avant l'atterrissage, dans les plaines de Rambouillet. »

Ce fait d'ondes sensibles au toucher à un kilomètre de hauteur nous paraît de nature à apporter quelque lumière sur la question des tirs contre la grêle. Il est d'ailleurs pour nous tout à fait admissible. Et nous nous souvenons qu'étant à Harfleur, la main posée contre une vitre, alors que se faisaient des exercices de tir au polygone du Hoc, situé à environ 4 kilomètres, nous percevions très nettement dans la main le coup de canon avant de l'entendre. Il est vrai que l'intervalle entre les deux perceptions était très court.

L'observation est nouvelle ; car si l'on sait que la la balle, plus rapide que le son, précède les ondes atmosphériques, on admettait généralement que les ondes apportaient le son avec elles ; cependant, les ondes prenant de plus en plus d'amplitude en s'éloignant du lieu d'origine, on peut comprendre que les premières ne donnent pas un son que notre oreille puisse percevoir, tandis que d'autres organes peuvent cependant reconnaître le déplacement de l'air.

SUBSTITUTION DU BLANC DE ZINC A LA CÉRUSE DANS LA PEINTURE A L'HUILE

Dès 1782, Guyton de Morveau publiait un travail très étendu exposant les résultats des recherches qu'il avait effectuées en vue de perfectionner la peinture à l'huile, et il espérait alors que le blanc de zinc pourrait remplacer la céruse « dans la peinture des appartements... moins pour ajouter un nouveau luxe à ce genre d'ornement que pour le salut des ouvriers et peut-être de ceux qui habitent trop tôt des maisons ainsi ornées ». Mais c'est en vain qu'en 1786 et en 1802 il renouvela ses efforts pour arriver à cette substitution.

On peut encore signaler un rapport de Fourcroy, Berthollet et Vauquelin en 1808, et, enfin, les beaux travaux de Chevreul en 1850, à la suite des résultats obtenus par Leclaire. Depuis, la question a été souvent reprise, mais elle n'a pas fait de progrès sensibles et, jusque dans ces derniers temps, on semblait accepter l'emploi de la céruse comme imposé par les conditions d'un travail satisfaisant et économique.

En présence des dangers d'intoxication saturnine dont des enquêtes récentes ont montré la gravité, M. Livache a pensé qu'il y avait lieu de faire une étude méthodique de la question.

Cette étude l'a conduit à des conclusions formelles qu'il a communiquées à l'Académie des Sciences. Nous croyons utile de les reproduire dans l'intérêt des trop nombreuses victimes conscientes ou inconscientes de la peinture au blanc de céruse. Il les a formulées en deux règles que voici :

Pour les *couleurs à l'huile :*

1° Pour des poids égaux de matières solides, les quantités de l'huile *totale* (huile contenue dans le produit broyé, huile ajoutée) doivent être dans le rapport inverse des densités des matières solides employées, considérées à l'état sec.

2° L'emploi d'une dose modérée de siccatif, soit 1 p. 100 de l'huile *totale,* fera sécher la couleur dans les limites de temps imposées par la pratique. Ce résultat sera obtenu avec certitude, sans que la peinture subisse aucun jaunissement, en employant un siccatif tel que le résinate de manganèse, complètement soluble à froid dans l'huile et d'une énergie remarquable.

3° Avec les quantités de matières solides et d'huile indiquées, le pouvoir couvrant d'une couleur à base d'oxyde de zinc sera le même que celui d'une couleur à base de céruse ; l'expérience et le calcul montrent, en effet, que les poids des matières solides déposées seront en raison inverse des densités de ces matières solides prises à l'état sec ; elles occuperont donc un même volume sur une surface donnée.

M. Livache a également étudié les *enduits* formés par l'huile, de blanc de Meudon, de céruse ou d'oxyde de zinc, et additionnés, suivant les cas, d'essence de térébenthine. Ces enduits sont destinés à donner un fond homogène et uni et, surtout, à rendre la surface du plâtre ou du bois imperméable, pour que la couleur à l'huile, lors de son application, ne subisse aucune modification de composition résultant de l'absorption d'une partie de l'huile.

Les enduits sont peut-être la cause principale des

intoxications saturnines, soit que la nécessité du travail les maintienne en contact prolongé avec la peau, soit que, par le ponçage à sec, ils se dégagent à l'état de fines poussières.

En comparant, comme pour les couleurs, les enduits, à base d'oxyde de zinc aux enduits à base de céruse préparés par un ouvrier suivant ses errements habituels, et pris comme type, M. Livache a déduit les règles suivantes :

1° Pour les *enduits gras*, le rapport du poids de l'huile au poids de l'ensemble des matières solides, chacune de celles-ci étant convertie comme poids en blanc de Meudon, d'après le volume qu'elle occupe, est représenté par une constante.

2° La bonne tenue d'un enduit résultera surtout de l'état de porosité des substances solides qui entrent dans sa composition.

3° La céruse ou le blanc de zinc n'ont d'autre rôle que de servir d'excipient pour l'huile que le blanc de Meudon ne peut complètement retenir par suite de sa porosité insuffisante.

L'expérience montre, en effet, qu'à la limite le carbonate de chaux précipité, qui est d'une finesse et d'une porosité extrêmes, donne, sans addition de céruse ou d'oxyde de zinc, des enduits identiques, comme tenue et application, aux enduits à base de céruse.

4° L'oxyde de zinc pourra, sans inconvénients, être substitué à la céruse dans un enduit gras, pourvu qu'il y entre à une teneur suffisante, dont il est facile de déterminer le minimum.

5° Les *enduits maigres* et les *enduits pour moulures*, ces derniers devant être appliqués à la brosse, peuvent être regardés comme dérivant d'un enduit gras, rendu plus fluide par addition d'une quantité déterminée d'huile et d'essence de térébenthine.

REDRESSEMENT D'UN CLOCHER

Si la « tour penchée » de Pise n'était pas une curiosité historique dont l'inclinaison même attire les visiteurs, il est probable qu'on n'aurait maintenant aucune difficulté à la remettre d'aplomb tout d'une pièce. De même qu'on exhausse les maisons sans en déranger les locataires, qu'on redresse les cheminées d'usines comme on le ferait d'un poteau enfoncé de travers dans le sol, on vient de redresser un clocher d'un bloc, dans le comté de Cork, en Irlande. Depuis un certain temps, on avait remarqué que ce clocher, appartenant à l'église de la Trinité, à Newmarket, venait de plus en plus en dehors de son aplomb, sans doute par suite d'affouillements ou d'affaissements du sol, et il menaçait réellement de tomber sur le corps de l'église. Il fallait obvier à ce danger, et le seul moyen paraissait être de démolir complètement le clocher et d'en reconstruire un autre. On s'adressa donc à une maison spéciale de Belfast, MM. Hunter et Cie.

M. Hunter arrive avec son équipage de travailleurs; mais à la suite d'un examen minutieux, il constate qu'il est impossible de démolir pierre à pierre la construction, qui est cimentée au plomb dans toutes ses parties; il faudrait la jeter à bas d'un seul bloc. Il en est du reste de même de toute l'église, ce mode de maçonnerie ayant été couramment employé en Irlande au XVIIIe siècle.

Ajoutons que le sommet du clocher était maintenu par une énorme tige de fer sur laquelle les pierres étaient venues se souder au plomb fondu. Dans ces conditions, le plan des réparations fut complètement changé; on reprit les fondations par en dessous, et, comme toujours en pareille circonstance, au moyen de vérins hydrauliques, on souleva le clocher de manière à le ramener dans son aplomb régulier et absolu.

2,000 MÈTRES AU-DESSOUS DU SOL

Des expériences fort curieuses viennent d'être faites en Allemagne, à Parnschswitz, près de Ratibor, où se trouve un trou de sondage de 2,004 mètres de profondeur, pratiqué par les ingénieurs et pour le compte du gouvernement prussien. C'est actuellement la plus grande profondeur qui ait été atteinte au-dessous du sol.

Il s'agissait de déterminer sur des bases absolument précises, la loi d'élévation de la température qui, comme chacun sait, augmente à mesure que l'on descend dans les entrailles de la terre.

Soixante-quatre observations ont été faites, à diverses profondeurs, exactement repérées, et avec des instruments de précision. On a pu constater que la courbe était bien régulière, l'élévation de température atteignant en moyenne un degré centigrade par 34 mètres 1 dixième. Alors que la température était, à 6 mètres de l'orifice, de 8 degrés centigrades, elle s'élevait, au fond du puits, à près de 60 degrés, soit une différence de 52 degrés entre les deux niveaux.

Le trou de sondage de Parnschowitz, qui a un diamètre moyen de 80 millimètres seulement, avait été commencé en 1893.

FIN

TABLE DES MATIÈRES

— Lille. Typ. A. Taffin-Lefort. 1902. —

www.ingramcontent.com/pod-product-compliance
Ingram Content Group UK Ltd.
Pitfield, Milton Keynes, MK11 3LW, UK
UKHW020340230726
13925UKWH00003B/888